计算机类技能型

U0187344

C语言程序设计

（微课+活页式）

主　编　谢志伟　江务学
　　　　王超英　郭美美

清华大学出版社
北　京

内 容 简 介

C 语言既是目前应用极为广泛的高级程序设计语言之一，也是高等学校"程序设计"课程的首选入门语言。全书共 10 个任务，主要内容包括第一个 C 语言程序，学生成绩管理系统界面设计（顺序结构程序设计），学生成绩管理系统主菜单功能实现（分支结构程序设计），学生成绩管理系统主菜单重复选择的实现（循环结构程序设计），用数组实现学生成绩管理系统，用函数改善学生成绩管理系统，用结构体优化学生成绩管理系统，用指针实现查询、修改、添加、删除学生成绩，用文件完善学生成绩管理系统，综合实训等。本书主要章节的内容采用任务驱动的方式，通过实例引出基本概念和基本方法。全书内容叙述自然，顺理成章。全书案例丰富、阐述清晰、分析透彻、层次分明，注重培养读者分析问题和解决问题的能力。

本书可作为高等院校程序设计课程的教学用书，也可作为计算机从业人员和爱好者的参考用书。为配合教学，本书配有 PPT 教学课件、习题参考答案等资源供读者参考。

图书在版编目（CIP）数据

C 语言程序设计：微课＋活页式 / 谢志伟等主编 . —北京：清华大学出版社，2024.3
计算机类技能型理实一体化新形态系列
ISBN 978-7-302-65439-1

Ⅰ . ① C… Ⅱ . ①谢… Ⅲ . ① C 语言 – 程序设计 – 教材 Ⅳ . ① TP312.8

中国国家版本馆 CIP 数据核字（2024）第 043303 号

组稿编辑：张龙卿
封面设计：刘代书 陈昊靓
责任校对：刘 静
责任印制：宋 林

出版发行：清华大学出版社
  网 址：https://www.tup.com.cn，https://www.wqxuetang.com
  地 址：北京清华大学学研大厦 A 座   邮 编：100084
  社 总 机：010-83470000   邮 购：010-62786544
  投稿与读者服务：010-62776969，c-service@tup.tsinghua.edu.cn
  质量反馈：010-62772015，zhiliang@tup.tsinghua.edu.cn
  课件下载：https://www.tup.com.cn，010-83470410
印 装 者：三河市人民印务有限公司
经 销：全国新华书店
开 本：185mm×260mm   印 张：18.75   字 数：428 千字
版 次：2024 年 3 月第 1 版   印 次：2024 年 3 月第 1 次印刷
定 价：59.80 元

产品编号：100720-01

前　言

C 语言是一门历史悠久、博大精深的程序设计语言，它对计算机技术的发展起到了极其重要的促进作用。C 语言从产生之时就肩负着很多重要使命，比如，开发操作系统，开发编译器，开发驱动程序，还可以解决计算机中的大部分问题。C 语言几乎是每一个致力于程序设计人员的必学语言。但在学习之初，很多 C 语言的学生都苦于找不到一本通俗易懂、容易入门和案例实用的参考书。通过本书的案例实训，学生可以很快地掌握流行的软件工具，提高职业化能力，从而解决公司与学生的双重需求问题。

随着高等教育的迅速发展，项目导向、任务驱动、基于工作过程系统化课程开发等理念普遍得到教育界的认同。为了全面贯彻党的教育方针，落实立德树人根本任务，及时反映新时代课程教学改革的成果，本书根据高等教育的特点，基于"项目引导、任务驱动"的项目化教学方式编写而成，体现"基于工作过程""教、学、做"一体化的教学思想，以 Visual Studio 2010 为平台，将全书内容划分为 9 个学习任务、2 个项目实训。本书具有以下特点。

1. 落实立德树人根本任务

将"课程思政"贯穿于教育、教学全过程，提升育人成效。本书精心设计，在课程内容讲解中融入培养学生一丝不苟的学习习惯，引导学生树立正确的社会主义世界观、人生观和价值观，弘扬精益求精的专业精神、职业精神和工匠精神，培养学生的创新意识，激发爱国热情。

2. 全面反映新时代教学改革成果

本书以课程建设为核心，全面反映新时代课程思政、产教融合、校企合作、创新创业教育、工作室教学、现代学徒制和教育信息化等方面的教学改革成果，以培养职业能力为主线，将探究学习、与人交流、与人合作、解决问题、创新能力的培养贯穿于教材始终，充分适应不断创新与发展的工学结合、工学交替的教学需求，并采用"教、学、做"一体化和项目教学、任务驱动、案例教学、现场教学和顶岗实习等"理实一体化"教学组织与实施形式。

3. 以"做"为中心的"教、学、做"一体化教材

本书从实际应用出发，从工作过程出发，从项目出发，以学生成绩管理系统为主线，采用"学习情境、任务驱动"的方式展开内容的讲解，项目案例按照"学习情境"→"任务学习引导"→"相关知识点"→"模块实现"→"自学与拓展"五部分展开。以学到实用技能及提高职业能力为出发点，以"做"为中心，教和学都围绕着"做"展开，在做中学，在学中做，在做中教，体现"教、学、做"一体化理念，从而完成知识学习、技能训练和提高职业素养的教学目标。

4. 作为新形态一体化教材，实现教学资源共建共享

本书发挥"互联网＋"教材的优势，配备二维码学习资源，实现了"纸质教材＋数字资源"的完美结合，体现"互联网＋"新形态一体化教材理念。学生通过扫描书中二维码可观看相应资源，随扫随学，便于学生即时学习和个性化学习，有助于教师借此创新教学模式。

5. 作为校企"双元"合作开发教材，实现校企协同"双元"育人

本书紧跟产业发展趋势和行业人才需求，及时将产业发展的新技术、新工艺、新规范纳入教材内容，反映典型岗位（群）职业能力要求，并吸收行业企业技术人员、能工巧匠等深度参与本书的编写。本书在编写团队深入企业调研的基础上开发完成，许多项目案例都来源于东莞中科聚信网络科技有限公司的真实业务。

本书由谢志伟、江务学、王超英、郭美美担任主编，全书由谢志伟统稿。

编者为本书配备了PPT课件、电子教案、练习素材文件、习题答案等教学资源，读者可以在清华大学出版社官方网站免费下载。

由于编者的学识和水平有限，书中难免存在不足之处，敬请广大读者不吝指正。

编　者
2024 年 1 月

目　录

任务 1　第一个 C 语言程序

学习情境

　　本书采用工学结合的教学模式，以学生成绩管理系统为实例，采用边教、边学、边做的"教、学、做"一体化的教学方法。学生成绩管理系统涵盖了 C 语言的绝大多数知识点，为了完成该系统的设计与实现，本任务将介绍必备的 C 语言基础知识。

1.1　任务学习引导

1.1.1　C 语言概述

1. 什么是 C 语言

　　人和计算机交换信息要借助于语言工具，这种语言称为计算机语言。随着计算机技术的不断发展，计算机语言逐步得到完善。最初使用的计算机语言是用二进制代码表达的语言——机器语言，后来采用与机器语言相对应的助记符表达的语言——汇编语言。虽然用这两种语言编写的程序执行效率高，但程序代码很长，又都依赖于具体的计算机硬件，因此编码、调试、阅读程序都很困难，程序的通用性也较差。这两种依赖于硬件的语言称为低级语言。

　　现在使用最广的计算机语言是高级语言——更接近于人们自然语言的表达语言。高级语言独立于机器，编码相对简短，可读性和通用性强。由于计算机只能识别 0 和 1，因此使用高级语言编写的程序需要通过编译和连接后，才能被计算机执行。

　　C 语言是目前世界上最流行、使用最广泛的高级程序设计语言之一。C 语言是由美国贝尔实验室提出的，1973 年首先用于编写 UNIX 操作系统。C 语言易读，程序设计的效率很高，适用于描述操作系统、编译程序和各种软件工具。C 语言的主要特色是兼顾了高级语言和汇编语言的特点，简洁、丰富、可移植。C 语言提供了结构式编程所需要的各种现代化的控制结构。C 语言是一种通用编程语言，使用 C 语言编写程序，既能感觉到使用高级语言的自然，也可体会到利用计算机硬件指令的直接。

　　要得到 C 语言程序的运行结果，首先将源程序输入计算机（在计算机上输入或修改源程序的过程称为编辑），然后还要把源程序翻译成机器能识别的目标程序，这一步称为编译，目标程序不是可执行文件，不能直接运行，还要把目标程序和系统提供的库函数等连接起来产生可执行文件，这一步称为连接，这时才可以运行最终生成的可执行文件并看到运行结果。C语言程序的编辑、编译、连接、运行过程如图1-1所示。

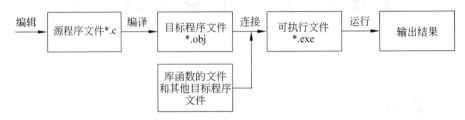

图1-1 C语言程序的编辑、编译、连接、运行过程

C语言程序的编辑、编译、连接、运行过程可以在不同的环境中进行，本书的所有例题均在Visual C++ 2010集成环境下运行通过。

2. C语言的特点

一种语言之所以能存在和发展并具有较强的生命力，是因为它有不同于其他语言的特点。C语言主要有以下特点。

（1）简洁紧凑、灵活方便。C语言一共只有32个关键字，9种控制语句，程序书写自由，主要用小写字母表示。它把高级语言的基本结构和语句与低级语言的实用性结合起来。C语言可以像汇编语言一样对位、字节和地址进行操作，而这三者是计算机最基本的工作单元。

（2）运算符丰富。C语言的运算符包含的范围很广泛，共有34种运算符。C语言把括号、赋值、强制类型转换等都作为运算符处理，从而使C语言的运算类型极其丰富，表达式类型多样化。灵活使用各种运算符，可以实现在其他高级语言中难以实现的运算。

（3）数据结构丰富。C语言的数据类型有整型、实型、字符型、数组类型、指针类型、结构体类型以及共用体类型等。C语言能用来实现各种复杂的数据类型的运算，并引入了指针概念，使程序效率更高，同时使程序更加灵活和多样化。

（4）结构式语言。C语言是结构式语言，其显著特点是代码及数据的分隔化，即程序的各个部分除了必要的信息交流外彼此独立。这种结构化方式可使程序层次清晰，便于使用、维护以及调试。C语言是以函数形式提供给用户的，这些函数调用方便，并具有多种循环、条件语句控制程序流向，从而使程序完全结构化。

（5）语法限制不严格、程序设计自由度大。一般的高级语言语法检查比较严，能够检查出几乎所有的语法错误。而C语言允许程序编写者有较大的自由度。

（6）允许直接访问物理地址，可以直接对硬件进行操作。C语言既具有高级语言的功能，又具有低级语言的许多功能，这种双重性，使它既是成功的系统描述语言，又是通用的程序设计语言。

（7）生成代码质量高，程序执行效率高。C语言程序一般只比汇编程序生成的目标代码效率低10%~20%。

（8）适用范围广，可移植性好（与汇编语言相比）。C语言有一个突出的优点就是适合于多种操作系统，基本上不做修改就能用于各型号的计算机和各种操作系统，如DOS、UNIX等。

3. C语言的应用

对于操作系统和系统应用程序以及需要对硬件进行操作的场合，用C语言明显优于其他高级语言，许多大型应用软件都是用C语言编写的。

目前嵌入式系统开发中使用最多的语言就是C语言，学会C语言，是进行嵌入式系统开发的必备条件之一，汽车音响、移动电话、电子玩具、打印机、扫描仪等嵌入式系统的开发大多用C语言。

另外，C语言带给我们更重要的是编程思想，这点很重要。如果将来工作中用到其他语言，在C语言的基础上再学习其他语言则会事半功倍。

因此，学好C语言大有用武之地。

1.1.2　编写、运行一个简单的C语言程序

1. 一个简单的C语言程序

一个完整的C语言程序是由一个main( )函数（又称主函数）和若干个其他函数结合而成的，或仅由一个main( )函数构成。

【例1-1】　一个最简单的C程序：向屏幕输出一行"This is a C program."文本信息。程序代码如下：

```
#include <stdio.h>
main( )
{
    printf("This is a C program.\n");    /* 输出字符串后换行 */
}
```

程序运行结果：

```
This is a C program.
```

程序说明：

① 程序中main( )是主函数名。每一个C程序都必须包含而且只能包含一个主函数。用一对大括号括起来的部分是函数体。本例函数体只有一条语句"printf("This is a C program.\n");"，此语句是输出语句，其作用是按原样输出双引号内的字符串"This is a C program."。

② 函数体中可以有多条语句，所有语句都必须以分号";"结束，函数的最后一个语句也不例外。

③ 程序中的"#include <stdio.h>"称为命令行，有了此行，就可以成功地调用C语

言标准库中提供的输入/输出函数。C语言没有输入/输出语句，只有输入/输出库函数。

④ C程序书写格式自由，一行内可以写几个语句，一个语句也可以分写在多行上。可以用/*...*/对C程序中的任何部分作注释，它可增加程序的可读性。

⑤ C语言英文大小写字母被认为是不同的字符。即main不能写成Main，printf不能写成Printf。C语言中所有关键字都用小写字母。

对C程序基本结构的进一步说明如下。

（1）C程序是由函数组成的，函数为程序的基本单位。每个程序都必须有一个main()主函数，程序运行从其开始。一个程序可以包含多个函数，函数之间通过"调用"而互相联系在一起。函数可以分为库函数和用户自定义函数。

（2）任何函数[包括主函数main()]都是由函数说明和函数体两部分组成。

其一般结构如下。

① 函数说明：

函数类型　　函数名（函数形参）

② 函数体：

```
{
        数据类型说明
        执行语句
}
```

函数的说明部分包括函数名、函数类型、函数属性、函数参数（形参）名、形式参数类型。一个函数名后面必须跟一对圆括号，但可以没有函数参数，如main()。

函数体即函数说明部分下面的大括号内的部分。如果一个函数内有多个大括号，则最外面的一对大括号为函数体的范围。函数体一般由说明语句和可执行语句两部分构成。说明语句部分由变量定义、自定义类型定义、自定义函数说明、外部变量说明等组成；可执行语句部分一般由若干条可执行语句构成。函数体中的说明语句部分必须在所有可执行语句之前。

2. C语言程序的开发环境——Microsoft Visual Studio 2010

本节将简单介绍在Microsoft Visual Studio 2010（本书简称VS 2010）环境下开发C语言程序的基本操作。

（1）启动VS 2010。选择"开始"→"程序"→Microsoft Visual Studio 2010→Microsoft Visual Studio 2010命令，启动VS 2010编译系统。

Microsoft Visual Studio 2010的使用

（2）创建项目和文件。选择"文件"→"新建"→"项目"命令，在弹出的"新建项目"对话框中的"已安装的模板"选项卡中依次选择Win32→"Win32控制台应用程序"选项，在"位置"处选择文件的保存路径，在"名称"文本框中输入project1_1，这时界面如图1-2所示。

单击图1-2中的"确定"按钮后，进入Win32应用程序向导，选中"附加选项"选项区中的"空项目",然后单击"完成"按钮,如图 1-3 所示。

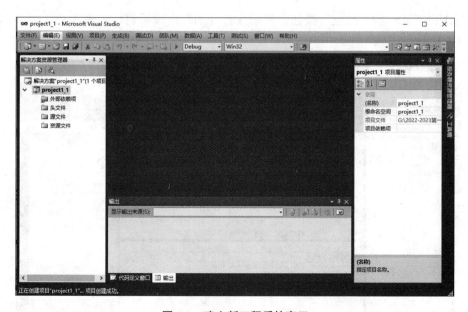

图 1-2 "新建"窗口中的"工程"选项卡

图 1-3 建立新工程后的窗口

(3)输入 C 语言源程序。右击源文件,在弹出的快捷菜单中执行"添加"→"新建项"命令,打开"添加新项 - project1_1"对话框,在中间的列表框中选择"C++ 文件"选项,在"名称"文本框中输入 first,单击添加按钮,C 文件建立成功(如果需要新建 C 语言程序，只需要在简单程序后面加个 .c 后缀，默认情况下 .cpp），如图 1-4 所示。

图 1-4　"新建"窗口中的"文件"选项卡

单击图 1-4 中的"确定"按钮，然后在打开的程序编辑窗口中输入 C 语言源程序，如图 1-5 所示。

图 1-5　编辑窗口

（4）调试执行程序。选择"调试"→"启动调试"命令或单击工具栏中的"启动调试"按钮，调试程序，如图 1-6 所示。

图 1-6　编译窗口

运行一个程序难免会出现一些错误，如何迅速地找出这些错误至关重要。例如，当程序调试发生错误时，观察图 1-6 所示的调试信息，在"输出"窗格中会出现运行提示信息为"first.c(5):warning c4013："print"未定义，提示调用的库函数没有定义"（其实是函数名拼写错误），修改程序中的错误直到调试通过。

程序调试成功后，生成可执行文件，如图 1-7 所示。

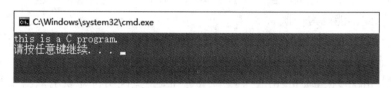

图 1-7　生成可执行文件

接着按 Enter 键结束显示，回到程序设计界面，至此程序执行完成。

（5）运行可执行文件。打开项目中 project_1 所在的文件夹，再打开 Debug 文件夹，可看到 project_1.exe 可执行文件。双击 project_1.exe 可执行文件后，显示程序运行的结果与图 1-7 相同，然后按 Enter 键结束显示，至此任务执行完毕。

如果双击可执行文件却看不到显示结果，可能是在程序末尾缺少"getchar( );"语句。

project_1.exe 可执行文件与其他可执行文件相同，可以脱离 VS2010 环境独立运行。

1.1.3　数据类型

1. C 语言的数据类型

数据类型是按被定义变量的性质，表示形式是按其占据存储空间的多少及构造特点来划分的。在 C 语言中，数据类型可分为基本数据类型、构造数据类型、指针类型以及空类型四大类，如图 1-8 所示。

数据类型

7

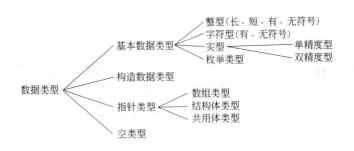

图 1-8 C 语言的数据类型

（1）基本数据类型。基本数据类型最主要的特点是其值不可以再分解为其他类型。

（2）构造数据类型。构造数据类型是根据已定义的一个或多个数据类型用构造的方法来定义的。也就是说，一个构造类型的值可以分解成若干个"成员"或"元素"。每个"成员"都是一个基本数据类型或一个构造类型。在 C 语言中，构造类型包括数组类型、结构体类型、共用体（联合）类型三种。

（3）指针类型。指针是一种特殊的、具有重要作用的数据类型，其值用来表示某个变量在内部存储器中的地址。虽然指针变量的取值类似于整型量，但这是两个类型完全不同的量，因此不能混为一谈。

（4）空类型。在调用函数值时，通常应向调用者返回一个函数值。这个返回的函数值是具有一定的数据类型的，应在函数定义及函数说明中给以说明，例如，某函数定义的函数头为"int max(int a,int b)"，其中第 1 个 int 类型说明符即表示该函数的返回值为整型量。但是，也有一类函数，调用后并不需要向调用者返回函数值，这种函数可以定义为"空类型"。其类型说明符为 void。

2. 常量与变量

对于基本数据类型量，按其取值是否可改变又分为常量和变量两种。在程序执行过程中，其值不发生改变的量称为常量，其值可变的量称为变量。它们可与数据类型结合起来分类。例如，可分为整型常量、整型变量、浮点常量、浮点变量、字符常量、字符变量等。在程序中，常量是可以不经说明而直接引用的,而变量则必须先定义后才能使用。

【例 1-2】 编写分别输出三个数的和与平均值的程序。

程序代码如下：

```
#include <stdio.h>
#define MAX 100
main()
{
    int min=10;
    int sum=0,ave=0;
    sum=MAX+min+40;
    ave=sum/3;
    printf(" 三数和为 %d, 平均值为 %d.\n",sum,ave);
}
```

程序运行结果如图 1-9 所示。

三数和为150,平均值为50.

图 1-9 例 1-2 的运行结果

程序说明：

① 程序中第 1 行的作用是定义符号常量 MAX，方法是用 #define 命令行定义符号 MAX，并用它代表 100，以后在本程序中出现的所有 MAX 都代表 100。

② 程序中 MAX 和 40 这两个数均是固定不变的，而 min、sum、ave 中的值是可以改变的，执行"int sum=0,ave=0;"语句后，sum 和 ave 的值均变为 0，但在执行"sum=MAX+min+40;"和"ave=sum/2;"语句后，sum 的值变为 150，ave 的值变为 50。

对常量和变量的进一步说明如下。

（1）直接常量。

- 整型常量：100、0、−80。
- 实型常量：5.5、−5.55。
- 字符常量：'a'、'b'。

（2）变量。每个变量都应该有一个名字。变量名由用户命名，命名时最好做到见名知意。变量名是一个标识符。在 C 语言中，用来标识变量名、符号常量名、函数名、数组名、类型名、文件名的有效字符序列称为标识符。标识符的命令规则如下。

- 标识符由 a~z、A~Z、0~9、_（下画线）组成，并区分大小写。
- 标识符的第 1 个字符不能是数字。
- C 语言中的关键字不能作为标识符。

（3）符号常量。用标识符代表一个常量。在 C 语言中，可以用一个标识符来表示一个常量，称为符号常量。

符号常量在使用之前必须先定义，其一般形式为

```
#define 标识符 常量
```

其中，#define 也是一条预处理命令（预处理命令都以 "#" 开头），其功能是把该标识符定义为其后的常量值。一经定义，以后在程序中所有出现该标识符的地方均代之以该常量值。习惯上符号常量的标识符用大写字母，变量标识符用小写字母，以示区别。

在例 1-2 程序中，显然 40 为直接常量，MAX 为符号常量，min、sum、ave 为变量。

3. 整型量在 C 程序中的表示

整型数据包括整型常量和整型变量。

1）整型常量

整型常量就是整常数。在 C 语言中，使用的整常数有八进制、十六进制和十进制三种。

【例 1-3】 编写程序，将整型常量分别按八进制、十六进制和十进制输出。

程序代码如下：

```
#include <stdio.h>
```

```
main()
{
    printf("Oct:%o,Hex:%x,Dec:%d.\n",100,100,100);
    printf("Oct:%o,Hex:%x,Dec:%d.\n",076,076,076);
    printf("Oct:%o,Hex:%x,Dec:%d.\n",0xff,0xff,0xff);
}
```

程序运行结果如图 1-10 所示。

```
Oct:144,Hex:64,Dec:100.
Oct:76,Hex:3e,Dec:62.
Oct:377,Hex:ff,Dec:255.
```

图 1-10　例 1-3 的运行结果

程序说明：

① 程序中 %o、%x、%d 是格式说明符，分别表示八进制、十六进制、十进制。

② 十进制整常数没有前缀，其数码取值范围为 0~9。八进制整常数必须以 0 开头，即以 0 作为八进制数的前缀，数码取值范围为 0~7。十六进制整常数的前缀为 0X 或 0x，其数码取值范围为 0~9、A~F 或 a~f。大小写字母代表的含义相同。在程序中是根据前缀来区分各种进制数的，因此在书写常数时不要把前缀弄错，造成结果不正确。例如：

• 合法的十进制整常数：237、–1000；
• 不合法的十进制整常数：44A（含有非十进制数码）、055（不能有前导 0）；
• 合法的八进制数：015（十进制为 13）、0101（十进制为 65）；
• 不合法的八进制数：128（无前缀 0）、02B（含有非八进制数码）；
• 合法的十六进制整常数：0X2A（十进制为 42）、0XFFFF（十进制为 65535）；
• 不合法的十六进制整常数：4B（无前缀 0X）、0X2H（含有非十六进制数码）。

关于整型常数的进一步说明如下。

长整型数是用后缀 L 或 l（小写字母）来表示的，例如 358L（十进制为 358）为长整常数。无符号数也用后缀表示，整型常数的无符号数的后缀为 U 或 u。并且前缀和后缀可同时使用以表示各种类型的数。例如 358u、0x2Au、0XA5Lu 均为无符号数，其中 0XA5Lu 表示十六进制无符号长整数 A5，其十进制为 165。

2）整型变量

整型变量的分类同整型常量一样，也分为基本型、短整型、长整型、无符号型四种。

（1）基本型：类型说明符为 int，在 16 位字长的机器上占 2 个字节，在 32 位字长的机器上占 4 个字节。

（2）短整型：类型说明符为 short int 或 short，在内存中占 2 个字节。

（3）长整型：类型说明符为 long int 或 long，在内存中占 4 个字节。

（4）无符号型：类型说明符为 unsigned。

无符号型又可与上述三种类型匹配而构成。

① 无符号基本型：类型说明符为 unsigned int 或 unsigned。

② 无符号短整型：类型说明符为 unsigned short。

③ 无符号长整型：类型说明符为 unsigned long。

各种无符号类型量所占的内存空间字节数与相应的有符号类型量相同，但由于省去了符号位，故不能表示负数。在 VC++ 环境下，对于分配内存字节数为 4 的整型量，有符号数的表示范围为 -2^{31}~（$2^{31}-1$），无符号数的表示范围为 0~（$2^{32}-1$）；对于分配内存字节数为 2 的短整型量，有符号数的表示范围为 -2^{15}~$2^{15}-1$，无符号数的表示范围为 0~$2^{16}-1$。

【例 1-4】 编写一个整型变量的定义、赋值和输出的程序。

程序代码如下：

```
#include <stdio.h>
main()
{
    int a=0,b=0;
    short int c=0;
    long int d=0;
    a=2147483647;
    b=a+1;
    c=32768;
    d=32768;
    printf("a=%d,b=%d,c=%d,d=%ld\n",a,b,c,d);
}
```

程序运行结果如图 1-11 所示。

a=2147483647,b=-2147483648,c=-32768,d=32768

图 1-11　例 1-4 的运行结果

程序说明：

① 定义整型变量用关键字 int，定义长整型变量用关键字 long int 或者 long，定义短整型变量用关键字 short int 或者 short。

② %d 和 %ld 为输出格式说明，分别用于输出基本整型和长整型数据。

③ 由于 2147483647 是整型数的最大值，所以 2147483647+1 的值产生溢出现象，因此得不到预期的值 2147483648，而是得到值 -2147483648。由于 32767 是短整型的最大值，所以 32768 产生溢出现象，得不到预期的值 32768，而是得到值 -32768。处理整型数据应该注意以下问题：为了防止产生数据溢出的现象，必须先估计所要处理的数据范围，再根据其范围选择合适的数据类型，还要根据数据的类型选择与其匹配的格式说明符，否则都将得不到正确的结果。

④ 程序中定义了变量 a、b、c、d 为标识符，其名称由编程人员给出，变量名要符合标识符的命名规则。在实际软件开发中，为了增加程序的可读性，命名变量时应做到简单明了，望名知意。

⑤ 允许在一个类型说明符后定义多个相同类型的变量。类型说明符与变量名之间至少用一个空格间隔，各变量名间用逗号间隔，最后一个变量名之后必须以"；"号结尾。

4. 实型量在 C 程序中的表示

实型数据包括实型常量和实型变量。

（1）实型常量。实型也称为浮点型。实型常量也称为实数或者浮点数。在 C 语言中，实数只采用十进制，包括十进制小数形式和指数形式两种形式。实型常数不分单、双精度，都按双精度 double 型处理。

【例 1-5】 编写程序，将实型常量按小数形式和指数形式输出。

程序代码如下：

```
#include <stdio.h>
main()
{
    printf("%f----%f\n",9876.5987659,1.);
    printf("%e----%e\n",9876.5987659,0.0);
}
```

程序运行结果如图 1-12 所示。

```
9876.598766----1.000000
9.876599e+003----0.000000e+000
```

图 1-12 例 1-5 的运行结果

程序说明：

① 实型常量有两种形式。使用 %f，按十进制小数形式输出，小数点后有 6 位（对第 7 位四舍五入）。使用 %e，按指数形式输出，小数点前有一位非零数字，小数点后有 6 位（对第 7 位四舍五入）。

② 实数表示中，十进制小数形式必须包括数字和小数点，例如，0.0、125.0、100.、5.7 等都是合法的十进制小数形式，而 12 和 .（只有小数点）是非法的十进制小数形式。如果"printf("%f----%f\n",9876.5987659,1.);"语句中的"1."换成 1，则不能正确输出。

③ 指数形式由十进制数加阶码标志"e"或"E"以及阶码（只能为整数，可以带符号）组成。其一般形式为：a E n（a 为十进制数，n 为十进制整数），其值为 $a \times 10^n$。

如 3.7E5（等于 3.7×10^5）、-5.6E-2（等于 -5.6×10^{-2}）均是合法的指数形式，而 E7（阶码标志 E 之前无数字）、3.-E3（负号位置不对）均是不合法的指数形式。

（2）实型变量。实型数据在内存中一般占 4 个字节（32 位）内存空间，按指数形式存储。实数 3.14159 在内存中的存放形式，如表 1-1 所示。

表 1-1 实数 3.14159 在内存中的存放形式

+	.314159	1
数符	小数部分	指数

① 小数部分占的位（bit）数越多，数的有效数字越多，精度越高。

② 指数部分占的位数越多，则能表示的数值范围越大。

实型变量按其保证的精度分为单精度（float）型和双精度（double）型。在 VC++ 中，单精度和双精度的字节数、有效数字 / 位以及数的范围如表 1-2 所示。

表 1-2 实型变量的取值范围

类型说明符	比特数（字节数）	有效数字	数 的 范 围
float	32（4）	6~7	$-3.4 \times 10^{-38} \sim 3.4 \times 10^{38}$
double	64（8）	15~16	$-1.7 \times 10^{-308} \sim 1.7 \times 10^{308}$

实型变量定义的格式和书写规则与整型相同。

【例 1-6】 编写实型变量的定义、赋值和输出程序。

程序代码如下：

```c
#include <stdio.h>
main()
{
    float x=3.33445566,y=0.0;
    double z=0.0;
    y=123.4567123456712345;
    z=123.4567123456712345;
    printf("x=%f,y=%f,z=%lf\n",x,y,z);
}
```

程序运行结果如图 1-13 所示。

```
x=3.334456,y=123.456711,z=123.456712
```

图 1-13 例 1-6 的运行结果

程序说明：

① %f 用于输出单精度型和双精度型数，%lf 用于输出双精度型数。不论用 %f 还是 %lf，都输出 6 位小数，其余部分四舍五入。

② 由于实型变量是由有限的存储单元组成的，因此能提供的有效数字总是有限的。由运行结果可以看出，y 保证了前 7 位数字（从第 8 位起已不准确），而 z 保证了所有 6 位小数均是准确的（因为双精度型至少能保证 15 位有效数字）。实型数据取值范围较大，但由于有效数字以外的数字不能保证，往往出现误差。例题中，y 和 z 赋值相同，但从输出结果可以看出，y 和 z 已经不再相同。

5. 字符量在 C 语言程序中的表示

字符型数据包括字符常量和字符变量。

（1）字符常量。字符常量是用单引号括起来的一个字符。

例如，'a'、'b'、'='、'+'、'?' 都是合法字符常量。

在 C 语言中，字符常量有以下特点。

① 字符常量只能用单引号括起来，不能用双引号或其他括号。

② 字符常量只能是单个字符，不能是字符串。

③ 字符可以是 ASCII 字符集中任意字符。

【例 1-7】 编写程序将字符按不同格式输出。

程序代码如下：

```
#include <stdio.h>
main()
{
    printf("%c---%d,%c---%d\n",'a','a','5','5');
    printf("%c---%d,%c---%d\n",'a'+1,'a'+1,'5'+1,'5'+1);
    printf("The value of \'a\'-\'5\' is %d.\n",'a'-'5');
}
```

程序运行结果如图 1-14 所示。

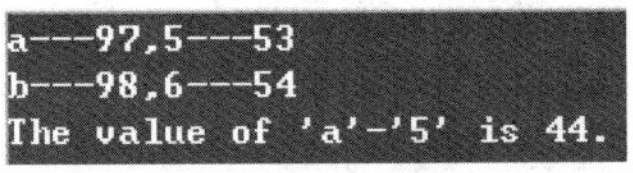

```
a---97,5---53
b---98,6---54
The value of 'a'-'5' is 44.
```

图 1-14 例 1-7 的运行结果

程序说明：

① 格式说明 %c 用于输出一个字符，字符常量用单引号括起来，但输出时不输出单引号。字符也可以按整型形式输出，输出值为该字符的 ASCII 码值，字符 a 和 5 的 ASCII 码值分别为 97 和 53，注意字符 5 的 ASCII 码值不是 5。

② 字符常量可以参加运算，表达式 '5'+1 的值是字符 5 的 ASCII 码值 53 和 1 之和，得到 54（即字符 6 的 ASCII 码值）。

③ 用反斜线"\"开头的字符称为转义字符。转义字符是一种特殊的字符常量，具有特定的含义，不同于字符原有的意义，故称"转义"字符。例如，在前面各例题 printf 函数的格式串中用到的"\n"就是一个转义字符，其意义是"回车换行"。转义字符主要用来表示那些用一般字符不便于表示的控制代码。常用的转义字符及其含义如表 1-3 所示。

表 1-3 常用的转义字符及其含义

转 义 字 符	转义字符的意义	ASCII 代码
\n	回车换行	10
\t	横向跳到下一制表位置	9
\b	退格	8
\r	回车	13
\f	走纸换页	12

续表

转 义 字 符	转义字符的意义	ASCII 代码
\\	反斜线符 "\"	92
\'	单引号符	39
\"	双引号符	34
\ddd	1~3 位八进制数所代表的字符	
\xhh	1~2 位十六进制数所代表的字符	

广义上讲，C 语言字符集中的任何一个字符均可用转义字符来表示。表中的 \ddd 和 \xhh 正是为此而提出的。ddd 和 hh 分别为八进制和十六进制的 ASCII 代码。如 \101 表示字母 A，\102 表示字母 B，\134 表示反斜线等。

（2）字符变量。字符变量用来存储字符常量，即单个字符。字符变量的类型说明符 是 char。字符变量类型定义的格式和书写规则都与整型变量相同。

【例 1-8】 编写一个字符型变量的定义、赋值和输出程序。

程序代码如下：

```c
#include <stdio.h>
main()
{
    char c1='A',c2=0,c3=0,c4=0,c5='\0';
    c2=65;
    c3='\101';
    c4='\x41';
    c5=c5+65;
    printf("c1=%c,c2=%c,c3=%c,c4=%c,c5=%c\n",c1,c2,c3,c4,c5);
    printf("c1=%d,c2=%d,c3=%d,c4=%d,c5=%d\n",c1,c2,c3,c4,c5);
}
```

程序运行结果如图 1-15 所示。

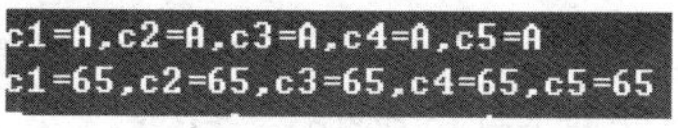

```
c1=A,c2=A,c3=A,c4=A,c5=A
c1=65,c2=65,c3=65,c4=65,c5=65
```

图 1-15 例 1-8 的运行结果

程序说明：

① 将常规字符或转义字符赋给字符变量时，都需要在其两侧加单引号，但将整型 数据（实际是某字符的 ASCII）赋给字符变量时，不用加单引号。

② 当把一个字符存入字符变量时，实际上系统将该字符的 ASCII 码值存放在变量 所代表的存储单元，即变量中的内容为该字符的 ASCII 码值，因此字符变量可以参加 整型数据的任何运算。可以用 %c 输出字符，用 %d 输出字符相应的 ASCII 码值。

③ 转义字符 '\0' 的 ASCII 值为 0，所以 65 和 65+'\0' 代表的是同一个字符。

1.1.4　运算符与表达式

运算符与表达式

运算是对数据进行加工的过程，用来表示各种不同运算的符号称为运算符。C 语言中规定了各种运算符号，它们是构成 C 语言表达式的基本元素。C 语言运算符的种类如表 1-4 所示。

表 1-4　C 语言的运算符

运算符种类	运 算 符
算术运算符	+、－、*、/、%
关系运算符	>、<、==、>=、<=、!=
赋值运算符	= 及其扩展赋值运算符
逗号运算符	,
逻辑运算符	!、&&、||
位运算符	<<、>>、－、|、^、&
条件运算符	? :
指针运算符	*、&
求字节数运算符	Sizeof
强制类型转换运算符	（类型）
自增、自减运算符	++、－－
分量运算符	.、->
下标运算符	[ ]
其他	如函数调用运算符（）

本小节介绍 C 语言中的算术、赋值、逗号运算符的运算规则，算术表达式、赋值表达式、逗号表达式的求解过程，算术、赋值、逗号运算符的优先级别和结合性。其他运算符将在以后的各章节中结合有关内容进行介绍。

1. 算术运算符与算术表达式

（1）算术运算符。算术运算符除了负值运算符外都是双目运算符，即指两个运算对象之间的运算。取负值运算符是单目运算符。表 1-5 给出了基本算术运算符的种类和功能。

表 1-5　算术运算符

运 算 符	名 称	例 子	运 算 功 能
－	取负值	-x	取 x 的负值
+	加	x+y	求 x 与 y 的和
－	减	x-y	求 x 与 y 的差
*	乘	x*y	求 x 与 y 的积
/	除	x/y	求 x 与 y 的商
%	求余（或模）	x%y	求 x 除以 y 的余数

使用算术运算符应注意以下几点。

① 减法运算符 "–" 可作取负值运算符，这时为单目运算符。例如 –20，–(a+b) 等。

② 使用除法运算符 "/" 时，若参与运算的变量均为整数时，其结果也为整数（舍去小数）；若除数或被除数中有一个为负数，则结果值随机器而定。例如 –7/4，在有的机器上得到结果为 –1，而有的机器上得到结果 –2。多数机器上采取 "向零取整" 原则，例如 7/4=1，–7/4=–1，取整后向零靠拢。

③ 使用求余运算符（模运算符）"%" 时，要求参与运算的变量必须均为整型，其结果值为两数相除所得的余数。一般情况下，所得的余数与被除数符号相同。例如 7%–5=2，–7%5=–2。

（2）算术表达式。用算术运算符、圆括号将运算对象（或称操作数）连接起来的符合 C 语言语法规则的式子，称为 C 语言算术表达式。其中运算对象可以是常量、变量、函数等。

例如，将代数式 $\dfrac{-b-\sqrt{b^2-4ac}}{2a}$ 改写成 C 语言算术表达式，则 C 语言算术表达式为 [-b-sqrt (b*b-4*a*c)]/(2*a)。

说明：

① C 语言不提供开方运算符，因此需要调用 C 库函数 sqrt( )，或者自编程序完成开方运算。

② C 语言不提供乘方运算符，因此只能用 "*" 计算乘方的值。

③ C 语言表达式中的乘号 "*" 不能省略。

④ C 语言表达式中的内容必须书写在同一行，不允许有分子分母形式，必要时要利用圆括号保证运算的顺序。

⑤ C 语言表达式不允许使用方括号和花括号，只能使用圆括号帮助限定运算顺序。可以使用多层圆括号，但左右括号必须配对。运算时从内层圆括号开始，由内向外依次计算表达式的值。

⑥ C 语言规定了进行表达式求值过程中，各运算符的优先级和结合性。

优先级是指当一个表达式中如果有多个运算符时，则计算是有先后次序的，这种计算的先后次序称为相应运算符的优先级。

结合性是指当一个运算对象两侧的运算符的优先级别相同时，进行运算（处理）的结合方向。按 "从右向左" 的顺序运算，称为右结合性；按 "从左向右" 的顺序运算，称为左结合性。算术运算符的优先级和结合性如表 1-6 所示。

表 1-6　算术运算符的优先级和结合性

运 算 种 类	结 合 性	优 先 级
*、/、%	从左向右	高 ↓
+、–	从左向右	低

在算术表达式中，若包含不同优先级的运算符，则按运算符的优先级别由高到低进

行；若表达式中运算符的优先级别相同时，则按运算符的结合方向（结合性）进行。

注意： 在书写包含多种运算符的表达式时，应注意各个运算符的优先级，从而确保表达式中的运算符能以正确的顺序执行。如果对复杂表达式中运算符的计算顺序没有把握，可用圆括号强制实现计算顺序。

2. 赋值运算符与赋值表达式

（1）赋值运算符。赋值的含义是，将赋值运算符右边表达式的值存放到以左边变量名为标识的存储单元中。C语言提供的赋值运算符有 =、+=、−=、*=、/=、%=、<<=、>>=、&=、^=、||=11 种。后 10 种是 C 语言中所有双目运算符与"="一起组合成的复合赋值运算符。

复合赋值运算符的一般形式为

< 变量 >< 双目运算符 >=< 表达式 >

等价于

< 变量 >=< 变量 >< 双目运算符 >< 表达式 >

程序说明：

① 赋值运算符的左边必须是变量，右边的表达式可以是单一的常量、变量、表达式和函数调用语句。例如，"x=20"；"y=x+20"；"y=func( )"都是合法的赋值表达式。

② 赋值符号"="不同于数学中使用的等号，没有相等的含义。例如，x=x+1 的含义是取出变量 x 中的值加 1 后，再存入变量 x 中。

③ 在一个赋值表达式中，可以出现多个赋值运算符，其运算顺序是从右向左结合。例如，下面是合法的赋值表达式。

$$a=b=4+5 \quad 相当于 \quad a=(b=4+5)$$

运算时，先执行 b=4+5，再把结果赋予 b，最后使 a、b 的值均为 9。

④ 进行赋值运算时，当赋值运算符两边的数据类型不同时，将由系统自动进行类型转换。转换的原则是，赋值运算符右边的数据类型转换成左边的变量类型。转换规则如表 1-7 所示。

表 1-7　赋值运算中数据类型的转换规则

左	右	转 换 说 明
float	int	将整型数据转换成实型数据后再赋值
int	float	将实型数据的小数部分截去后再赋值
long int	int、short	值不变
int、short int	long int	右侧的值不能超过左侧数据值的范围，否则将导致意外的结果
unsigned	signed	按原样赋值。但是如果数据范围超过相应整型的范围，将导致意外的结果
signed	unsigned	

（2）赋值表达式。由赋值运算符将一个变量和一个表达式连接起来的式子称为赋值表达式。一般形式为

<变量><赋值运算符><表达式>

赋值表达式的求解过程如下。

① 先求解赋值运算符右侧的"表达式"的值。

② 将赋值运算符右侧"表达式"的值赋给左侧变量。

③ 赋值表达式的值就是被赋值变量的值。

【例 1-9】 编写一个使用赋值表达式的程序。

程序代码如下：

```
#include <stdio.h>
main()
{
    int x=0, y=0;
    int a=1,b=0,c=0;
    x=y=5+a;
    a+=a*=a+(b=5);
    printf("a=%d,b=%d,c=%d\n",a,b,c=a);
    printf("x=%d,y=%d\n",x,y=c);
}
```

程序运行结果如图 1-16 所示。

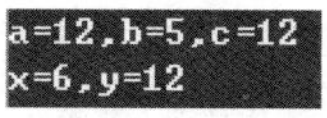

```
a=12,b=5,c=12
x=6,y=12
```

图 1-16　例 1-9 的运行结果

程序说明：

① 赋值表达式中的"表达式"可以是一个赋值表达式。例如：

```
x=y=5+1          //赋值表达式值为 6，x、y 的值均为 6
a=(b=4)+(c=3)    //赋值表达式值为 7，a 的值为 7，b 的值为 4，c 的值为 3
```

② 赋值表达式也可以包含复合的赋值运算符。例如，a+=a*=a+(b=5) 也是一个赋值表达式。题目中 a 的初值为 1，此赋值表达式的求解步骤如下。

首先，进行"a*=a+（b=5）"的运算，相当于 a=a*(a+(b=5))=1*(1+5)=6。

其次，进行"a+=6"的运算，相当于 a=a+6=6+6=12。

3. 逗号运算符与逗号表达式

在 C 语言中，逗号运算符","可以用于将若干个表达式连接起来构成一个逗号表达式。其一般形式为

表达式 1，表达式 2，…，表达式 n

求解过程为：自左至右，先求解表达式 1，再求解表达式 2，…，最后求解表达式 n。表达式 n 的值即为整个逗号表达式的值。

【例1-10】 编写一个使用逗号表达式的程序。

程序代码如下。

```
#include <stdio.h>
main()
{
    int a=0,b=0,x=0,y=0;

    a=(x=7,y=x%5,y+8);
    (b=x=8,x%5),b%5,x%5;
    printf("%d,%d,%d,%d\n",a,b,x,y);
}
```

程序运行结果如图1-17所示。

```
10,8,8,2
```

图1-17 例1-10的运行结果

程序说明：

① 逗号运算符在所有运算符中的优先级别最低，且具有从左至右的结合性。它起到了把若干个表达式串联起来的作用。例如：

```
a=(x=7,y=x%5,y+8);
```

求解过程为：先计算x=7，将值7赋给x，然后计算x%5的值为2，并将该值赋给y，最后计算y+8的值为2+8=10，所以整个逗号表达式的值为10，并将该值赋给了a。

② 一个逗号表达式可以与另一个表达式组成一个新的逗号表达式。例如：

```
(b=x=8,x%5),b%5,x%5;
```

其中，逗号表达式"b=x=8,x%5"与表达式"b%5,x%5"构成了新逗号表达式。

③ 不是任何地方出现逗号都作为逗号运算符。例如，在变量说明中的逗号只作为间隔符使用，不构成逗号表达式。

4. 混合运算的类型转换

在C语言中，整型、实型、字符型数据间可以混合运算。

当一个运算符两侧的数据类型不同时，系统自动先将数据的类型按一定的规则转换（即统一到同一种数据类型），然后进行运算。数据类型的转换规则如图1-18所示。

根据图1-18所示，按以下两个步骤进行转换。

（1）如果运算量是char型，即使表达式中各运算量

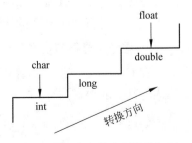

图1-18 混合运算类型转换规则

都是 char 型，也必须先转换成 int 型。如果运算量是 float 型，即使表达式中各运算量都是 float 型，也必须先转换成 double 型，然后进行下一步运算。

（2）将 int 型、long 型和 double 型看作由低到高的 3 个级别，系统将其中低级别类型的数据统一到高级别类型，然后运算，而且其运算结果类型是高级别类型。

综上所述，类型转换时需遵循下列原则。

① 当表达式中至少有一个浮点型数据（double 或 float）时，则其他数据须全部转换成 double 型，然后进行运算，所得到的结果也是 double 型。

② 当表达式中没有浮点型数据（double 或 float），而至少有一个是 long 型数据时，则其他数据须全部转换成 long 型，然后进行运算，所得到的结果也是 long 型。

③ 当表达式中只剩下 int 和 char 型数据时，将 char 型转换成 int 型，然后运算，结果是 int 型。

数据的类型转换也可以利用强制类型转换运算符，其一般形式为

（类型名）（表达式）

【例 1-11】编写一个强制类型转换的程序。

程序代码如下：

```
#include <stdio.h>
main()
{
    float x=3.3,y=4.44;
    int a=0,b=0;
    a=(int)(x+y);
    b=(int)y%3;
    printf("a=%d,b=%d\n",a,b);
    printf("x=%f,y=%f\n",x,y);
}
```

程序运行结果如图 1-19 所示。

图 1-19　例 1-11 的运行结果

程序说明：

① 强制类型转换运算符（int）类型名外的一对圆括号不可少，例如，将 i=(int)(x+y) 写成 i=int(x+y) 是错误的。

② (int)y 的作用是将从 y 中取出的值 4.44 转换成整数 4，但没把 4 存入变量 y 中，也没有将 y 的类型转换成整型。

1.2 自学与拓展

1. 程序设计的概念

程序（program）是人们为了处理某个事务而编制的某种计算机语言命令序列集合。一般而言，对于机器语言来说，这些命令被称为指令，而对于高级语言而言，这些命令被称为语句。

程序设计（programming）可以简单地理解为"编制计算机语言命令序列"的过程，有时简单地称为"编程"。但程序设计不仅仅是写代码。严格地说，程序设计是指分析、设计、编制、调试和测试程序的方法和过程。

程序设计语言（programming language）通常泛指一切用于编写计算机程序的语言，包括机器语言、汇编语言以及高级语言。机器语言采用二进制表示，汇编语言采用机器语言的助记符表示，这两种语言合称为低级语言；而高级语言完全采用符号形式的方式表示，独立于具体的计算机硬件，比如 C 语言。

分别采用机器语言、汇编语言和高级语言的形式进行一个加法运算，如表 1-8 所示。其中机器语言和汇编语言均依赖于 MCS51 型单片机，高级语言采用 C 语言。

表 1-8　机器语言、汇编语言和 C 语言语句的对比

机 器 语 言	汇 编 语 言	C 语 言

01110100
00000101
00100100
00000011
11111000
	MOV A ,#05H
	ADD A,#03H
	MOV R0,A
		a=3+5;

显然，对计算机来说，机器语言是最佳的选择，一串二进制数的处理对计算机来说是最简单的，其执行效率在所有程序设计语言中是最高的，但这对于程序设计者而言，则是相当麻烦的，大量的"0"和"1"不仅不便于识别，更难以调试。汇编语言事实上就是与机器语言相对应的一种比机器语言更容易让人理解的语言，因为汇编语言采用了所谓的"助记符"来替代机器语言中的二进制指令，其特点是"与机器相关"和"执行效率高"，这同样也导致了严重的缺点：可移植性差和调试难。而 C 语言是人类更能接受的一种表达形式，和通常的数学表示接近，C 语言表示的程序通过编译、连接后，可以产生计算机可以执行的代码。

程序设计方法，顾名思义，就是采用什么样的方法来设计和开发程序，通常有结构化程序设计与非结构化程序设计方法之分。结构化程序设计思想采用了模块分解、功能抽象、自顶向下、分而治之等方法，从而有效地将一个较复杂的程序系统设计任务分解成许多易于控制和处理的子程序，便于开发和维护。C 语言是以函数形式提供给用户的，这些函数可方便地调用，并具有多种循环、条件语句控制程序流向，从而使程序完全结构化。C语言将程序的流程控制划分为顺序结构、分支结构和循环结构三种基本结构。有关这三种结构的C语言实现，将在后续章节中详细讨论。

2. 算法

计算机系统中的任何软件都是由大大小小的各种软件组成部分构成，各自按照特定的算法来实现。用什么方法来设计算法，所设计算法需要什么样的资源，需要多少运行时间、多少存储空间，如何判定一个算法的好坏，在实现一个软件时，都是必须予以解决的。算法的好坏直接决定所实现软件性能的优劣，因此，算法设计与分析是程序设计中的一个核心问题。

1）算法的基本概念

著名计算机科学家沃思提出一个公式：程序＝数据结构＋算法。其中，数据结构是对程序中数据的描述，主要是数据的类型和数据的组织形式；算法是对程序中操作的描述，即操作步骤；数据是操作的对象，操作的目的是对数据进行加工处理，以得到期望的结果。算法是灵魂，数据结构是加工对象。

【例1-12】 求两数最大公因子的欧几里得算法。

程序代码如下：

```
//输入：正整数m、n
//输出：m、n的最大公因子
1.  int euclid(int m,int n)
2.  {
3.      int r;
4.      do {
5.          r = m % n;
6.          m = n;
7.          n = r;
8.      } while(r)
9.      return m;
10. }
```

程序说明：

① 第5行把m除以n的余数赋予r，第6行把n的值赋予m，第7行把r的值赋予n。第8行判断r是否为0，若非0，继续转到第5行进行处理；若为0，就转到第9行处理。第9行返回m，算法结束。按照上面这组规则，给定任意两个正整数，总能返回最大公因子。

② 在此用一种类C语言来叙述最大公因子的求解过程。今后，在描述其他算法时，还可能结合一些自然语言的描述，以代替某些烦琐的具体细节，而更好地说明算法的整体框架。解决一个问题，可以有不同的方法和步骤，一般来说，希望采用简单、运算步骤少的方法。不仅要保证算法正确，还要考虑算法的质量，选择合适的算法。算法是根据问题定义中的信息得来的，是对问题处理过程的进一步细化，但算法不是计算机可以直接执行的，只是编制程序代码前对处理思想的一种描述，因此算法是独立于计算机的，

但其具体实现是在计算机上进行的。

2）算法的特性

一个算法应该具有以下 5 个重要的特征。

（1）有穷性。一个算法必须保证执行有限步之后结束。在执行有限步后，计算必须终止，并得到解答，也就是说一个算法的实现应该在有限的时间内完成。例 1-12 中对输入的任意正整数 m、n，在 m 除以 n 的余数赋予 r 之后，再通过 r 赋予 n，从而使 n 值变小。如此往复进行，最终或者使 r 为 0，或者使 n 递减为 1。这两种情况都最终使 r=0，而使算法终止。

（2）确切性。算法的每一步骤必须有确切的定义。算法中对每个步骤的解是唯一的。例 1-12 中的第 5 行，如果 m、n 不是整数，那么 m 除以 n 的余数是什么就没有一个明确的界定。算法中规定了 m、n 都是正整数，从而保证了后续各个步骤都能确定地执行。

（3）零个或多个输入。输入指在执行算法时需要从外界取得的必要的信息。一个算法有零个或多个输入，以刻画运算对象的初始情况。一个算法可以没有输入。例 1-12 中的输入为两个正整数。

（4）一个或多个输出。输出是算法执行的结果。一个算法有一个或多个输出，以反映对输入数据加工后的结果。没有输出的算法是毫无意义的。例 1-12 中的输出为两个正整数的最大公因子。

（5）有效性。有效性又称可行性。算法的有效性是指算法中待实现的运算，都是基本的运算，原则上可以由人们用纸和笔在有限的时间里精确地运算完成。

3）算法的描述

算法的常用表示方法有如下 3 种。

（1）使用自然语言描述算法。所谓自然语言指的是日常生活中使用的语言，如汉语、英语或数学语言。

（2）使用流程图描述算法。流程图也叫框图，它是用各种几何图形、流程线及文字说明来描述计算过程的框图。用流程图描述算法具有直观，思路清晰，便于检查修改的优点。

（3）使用伪代码描述算法。伪代码是一种介于自然语言与计算机语言之间的算法描述方法，结构性较强，比较容易书写和理解，修改起来也相对方便。其特点是不拘泥于语言的语法结构，而着重以灵活的形式表现被描述对象。伪代码利用自然语言的功能和若干基本控制结构来描述算法。伪代码没有统一的标准，可以自己定义，也可以采用与程序设计语言类似的形式。

下面以求解 sum=1+2+3+…+(n-1)+n 为例说明算法的 3 种描述方法。

（1）使用自然语言描述求和的算法。

① 确定一个 n 的值。

② 累加和 sum 置初值 0。

③ 自然数 i 置初值 1。

④ 如果 i≤n 时，则重复执行。

```
i+sum->sum;
i+1->i;
```

⑤ 输出 sum 的值，算法结束。

从上面描述的求解过程中不难发现，用自然语言描述的算法通俗易懂，而且容易掌握，但算法的表达与计算机的具体高级语言形式差距较大。使用自然语言描述算法的方法还存在着一定的缺陷。例如，当算法中含有多分支或循环操作时很难表述清楚。另外，使用自然语言描述算法还很容易造成歧义（称为二义性），可能使他人对相同的一句话产生不同的理解。

（2）使用流程图描述求和的算法。

算法如图 1-20 所示，从图 1-20 中，可以比较清晰地看出求解问题的执行过程。流程图是用图形表示算法，直观形象，易于理解。在进一步学习使用流程图描述算法之前，有必要对流程图中的一些常用符号做一个解释，如表 1-9 所示。

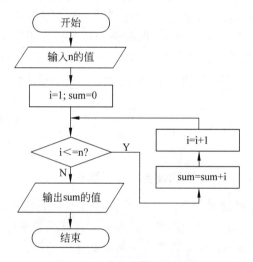

图 1-20　求和的算法流程图

表 1-9　流程图的符号表示

符　号	名　称	作　用
⬭	起止框	表示算法的开始和结束符号
▱	输入/输出框	表示算法过程中，从外部获取信息（输入），然后将处理过的信息输出
◇	判断框	表示算法过程中的分支结构。菱形框的4个顶点中，通常用上面的顶点表示入口，根据需要用其余的顶点表示出口
▭	处理框	表示算法过程中，需要处理的内容。只有一个入口和一个出口
⟶	流程线	在算法过程中指向流程的方向
○	连接点	在算法过程用于将画在不同地方的流程线连接起来
- - -⌐	注释框	对流程图中某些框的操作做必要的补充说明，可以帮助读者很好地理解流程图的作用。不是流程图中的必要部分

无论是使用自然语言还是使用流程图描述算法，仅仅是表述了编程者解决问题的一种思路，都无法被计算机直接接受并进行操作。由此引进了第三种非常接近于计算机编程语言的算法描述方法——伪代码。

（3）使用伪代码描述求和的算法。

```
输入 n 的值；
置 i 的初值为 1；
置 sum 的初值为 0；
当 i <=n 时，执行下面的操作
    使 sum =sum + i；
    使 i = i + 1；
    （循环体到此结束）
输出 sum 的值；
```

伪代码是一种用来书写程序或描述算法时使用的非正式、透明的表述方法。它并非一种编程语言，这种方法针对的是一台虚拟计算机。伪代码通常采用自然语言、数学公式和符号来描述算法的操作步骤，同时采用计算机高级语言（如 C、Pascal、VB、C++、Java 等）的控制结构来描述算法步骤的执行顺序。伪代码书写格式比较自由，容易表达出设计者的思想，写出的算法很容易修改，但是用伪代码写的算法不如流程图直观。

🎓 程序与人生

不积跬步，无以至千里

今天，同学们在老师的带领下，运行了自己的第一个 C 语言程序，就像在程序世界里说出了自己的第一句话一样。其实，计算机和计算机程序语言都是我们人类利用自己的智慧设计和开发出来的，它体现着人类惯有的逻辑思维，更蕴含着人类几千年的文化积累。

中国古语有云："千里之行，始于足下，不积跬步，无以至千里，不积小流，无以成江海。"意思是说：走一千里路也要从第一步开始，不积累每一步，永远达不到千里的地方。在今天，我们的千里之行有汽车、飞机、高铁等各类高科技的交通工具来实现，这句话仿佛已距离我们很遥远。但是，我们的每一次成功，又无不包含着其中的深意。一件事情的成功，绝不是偶然。必有一个开始，而这一个又一个的开始，则犹如我们千里之行的"跬步"。

今天的小程序就是我们学习计算机语言的一小步，一个输出语句看似简单，却可以为今后的学习做出积累。在今后的学习中，我们肯定会遇到类似环境安装失败、程序调试出错、功能无法实现等困难，但"千里之行，始于足下"，只有我们主动去迈动自己的步伐，才会到达那遥远的彼岸；学习中遇到的困难，只有你主动去解决，才会发现其中的乐趣所在。如果无论难易，我们都能不忘初心、坚持不懈，将每一个知识点都能够熟练掌握，灵活运用，逐渐积累后我们一定能方得始终，学有所成。

马化腾、雷军、李开复等都是计算机行业的引领者。他们之所以成为引领者，只是因为他们每天比普通人进步一点点。作为计算机相关专业的大学生，我们做事一定要脚踏实地，一步一个脚印，不畏艰难，不怕曲折，只要坚忍不拔地朝着自己设立的目标干下去，最终一定会有所成就，成为自己心里所期待的那个牛人。

习　　题

一、选择题

1. 一个C语言程序可以包含任意多个不同名的函数，但有且仅有一个（　　），一个C程序总是从（　　）开始执行。

　　A. 过程　　　　　　B. 主函数　　　　　C. 函数　　　　　　D.include

2. 在C语言中，每个语句和数据定义是用（　　）结束。

　　A. 句号　　　　　　B. 逗号　　　　　　C. 分号　　　　　　D. 括号

3. 下列说法正确的是（　　）。

　　A. main( )函数必须放在C语言程序的开头

　　B. main( )函数必须放在C语言程序的最后

　　C. main( )函数可以放在C语言程序的中间部分，即在一些函数之前在另一个函数之后，但在执行C语言程序时是从程序开头执行的

　　D. main( )函数可以放在C语言程序的中间部分，即在一些函数之前在另一些函数之后，但在执行C语言程序时是从main( )函数开始的

4. 下列说法正确的是（　　）。

　　A. 在执行C语言程序时不是从main( )函数开始的

　　B. C语言程序书写格式严格限制，一行内必须写一个语句

　　C. C语言程序书写格式自由，一个语句可以分写在多行上

　　D. C语言程序书写格式严格限制，一行内必须写一个语句，并要有行号

5. 下列字符串是标识符的是（　　）。

　　A. _HJ　　　　　　B. 9_student　　　　C. long　　　　　　D. LINE 1

6. C语言中不能用来表示整常数的进制是（　　）。

　　A. 十进制　　　　　B. 十六进制　　　　C. 八进制　　　　　D. 二进制

7. 在C语言中，反斜杠字符是（　　）。

　　A. \n　　　　　　　B. \t　　　　　　　C. \v　　　　　　　D. \\

8. 下列变量定义中合法的是（　　）。

　　A. short _a=1-.1e-1;　　　　　　　　B. double b=1+5e2.5;

　　C. long do=0xfdaL;　　　　　　　　D. float 2_and=1-e-3;

9. 在C语言中，合法的长整型常数是（　　）。

　　A. 0L　　　　　　　B. 4962710　　　　 C. 324562&　　　　 D. 216D

10. 下列选项中可以作为C语言中合法整数的是（　　）。

A. 10110B   B. 0386   C. 0Xffa   D. x2a2

11. 以下选项中合法的实型常数是（   ）。

A. 5E2.0   B. E–3   C. 2E0   D. 1.3E

12. 在 C 语言中，运算对象必须是整型数的运算符是（   ）。

A. %   B. /   C. % 和 /   D. **

13. 已知各变量的类型定义如下，则表达式中不符合 C 语言语法的是（   ）。

```
int i=8,k,a,b;
unsigned long w=5;
double x=1.42,y=5.2;
```

A. x%(–3)   B. w+=–2

C. k=(a=2,b=3,a+b)   D. a+=a–=(b=4)*(a=3)

14. 若已定义 x 和 y 为 double 类型，则表达式 x=1,y=x+3/2 的值为（   ）。

A. 1   B. 2   C. 2.0   D. 2.5

15. 表达式 (double)(20/3) 的值为（   ）。

A. 6   B. 6.0   C. 2   D. 3

16. 假定有变量定义为 "int k=7,x=12;"，则能使值为 3 的表达式是（   ）。

A. x%=(k%=5)   B. x%=(k–k%5)

C. x%=k–k%5   D. (x%=k)–(k%=5)

17. 设 x=1，y=2，则表达式 1.0+x/y 的值为（   ）。

A. 1.5   B. 1   C. 1.0   D. 2.0

18. 设 x、y、z 和 k 都是 int 型变量，则执行表达式 x=(y=4,z=16,k=32) 后，x 的值为（   ）。

A. 4   B. 16   C. 32   D. 52

19. 下列程序的执行结果是（   ）。

```
#define sum 10+20
main()
{
    int b=0,c=0;
    b=5;
    c=sum*b;
    printf("%d",c);
}
```

A. 100   B. 110   C. 70   D. 150

二、填空题

1. 在 C 语言中，用来标识变量名、符号常量名、函数名、数组名、类型名、文件名的有效字符序列称为_____。

2. sizeof 用于计算出各个数据类型使用多少内存空间，若有语句 "i= sizeof(float);j=

sizeof(double);", 则 i=＿＿＿＿, j=＿＿＿＿。

3. 下列语句的输出结果是＿＿＿＿。

```
int i=-19,j=i%4;
printf("%d\n",j);
```

4. 若有定义为"int a=10,b=9,c=8;", 接着顺序执行下列语句后, 变量 b 中的值是
＿＿＿＿。

```
c=(a-=(b-5));
c=(a%11)+(b=3);
```

5. 若已有定义语句"int k=7;", 赋值表达式 k+=k%=k-3 的运算结果是＿＿＿＿。

6. 下列程序的运行结果为＿＿＿＿。

```
main()
{
    float x;int i;
    x=3.6;
    i=(int)x;
    printf("x=%f,i=%d",x,i);
}
```

7. 已知在 ASCII 字符集中, 字母 A 的序号为 65, 下列程序的输出结果为＿＿＿＿。

```
main()
{
    char c='A'; int i=10;
    c = c+10;
    i= c%i;
    printf("%c,%d\n",c,i);
}
```

任务 2 学生成绩管理系统界面设计（顺序结构程序设计）

 学习情境

　　学生成绩管理系统的功能主要是管理学生的成绩。每个学生的信息包括学号、姓名、数学成绩、英语成绩、物理成绩。通过对学生成绩的管理，实现录入学生成绩、显示学生成绩、查询学生成绩、修改学生成绩、添加学生记录、删除学生记录、排序学生成绩的功能。

　　本部分任务是实现学生成绩管理系统中的界面设计。学生成绩管理系统界面是用户与系统进行交互的中介，用户通过界面完成各种操作，功能菜单如图 2-1 所示。

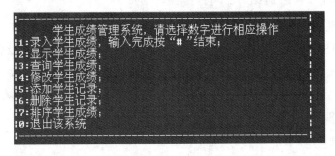

图 2-1　学生成绩管理系统界面

　　在设计学生成绩管理系统界面之前，首先学习需要掌握的知识点。

2.1　任务学习引导

2.1.1　结构化程序设计的基本结构

1. 程序设计的三种基本结构

　　对于一个实际问题，首先进行算法设计与分析，然后就可以编程，用计算机语言来实现它。通常的计算机程序总是由若干条语句组成的，从执行过程上看，程序的执行顺序完全按程序编写的顺序从第一条语句执行到最后一条语句，这样的程序结构称为顺序结构；若在程序执行过程中，根据用户的输入或中间结果去执行若干不同的任务则称为选择结构；如果在程序的某处，需要根据某项条件重复地执行某项任务若干次或直到满足或不满足某条件为止。这就构成循环结构。大多数情况下，程序都不会是简单的顺序结构，而是顺序、选择、循环三种结构的复杂组合。

从程序流程的角度来看，程序可以分为三种基本结构，即顺序结构、分支结构、循环结构。这三种基本结构可以组成各种复杂程序。

2. 语句的概念

C语言中的语句是向计算机系统发出的操作指令。C语言提供了多种语句用来实现顺序结构、分支结构、循环结构三种基本结构，这里将简单介绍这些基本语句及其应用，使读者对C语言程序有一个初步的认识，为以后的学习打下基础。

在C语言程序中，语句出现在函数体内定义部分之后。C语言程序的执行部分是由语句组成的，所有语句都以分号作为结束标志，即分号是语句必不可少的组成部分。程序的功能也是由执行语句实现的。

C语言的语句可分为表达式语句、函数调用语句、控制语句、复合语句、空语句五类。

1）表达式语句

表达式语句的一般形式为

```
<表达式>;
```

执行表达式语句就是计算表达式的值。例如：

```
x=y+z;        //赋值语句
i++;          //自增1语句，i值增1
```

2）函数调用语句

函数调用语句的一种形式为

```
函数名（实际参数表）;
```

执行函数调用语句就是调用函数体，并把实际参数赋予函数定义中的形式参数，然后执行被调函数体中的语句，求取函数值。例如，"printf("C Program");"调用库函数，输出字符串。

3）控制语句

控制语句用于控制程序的流程，以实现程序的各种结构，它们由特定的语句定义符组成。C语言有9种控制语句，可分为以下3类。

（1）条件判断语句：if语句、switch语句。

（2）循环执行语句：for语句、while语句、do while语句。

（3）转向语句：break语句、goto语句、continue语句、return语句。

4）复合语句

把多个语句用大括号括起来组成的一个语句称复合语句。在程序中应把复合语句看作单条语句，而不是多条语句。

例如，下面是一条复合语句。

```
{
  x=y+z;
  a=b+c;
  printf("%d%d",x,a);
}
```

复合语句内的各条语句都必须以分号";"结尾，在括号"}"外不能加分号。

5）空语句

空语句的一般形式如下：

```
;
```

只有分号";"组成的语句称为空语句。空语句是什么也不执行的语句。在程序中空语句可用来作空循环体。例如："while(getchar( )!='\n');"语句的功能是：只要从键盘输入的字符不是回车则重新输入。这里的循环体为空语句。

2.1.2 输入 / 输出语句

数据的输入是指从键盘、文件等输入数据到内存，数据的输出是指将内存中的数据输出到打印机、屏幕或文件中。在 C 语言中，数据的输入 / 输出是通过调用输入、输出函数来实现的。C 语言提供了丰富的输入 / 输出函数，这些标准的输入 / 输出库函数原型主要包含在 stdio.h、conio.h 头文件中，因此，在使用这些库函数的 C 语言程序中需要使用文件包含预编译命令：#include <stdio.h> 或 #include <conio.h>。

输入与输出语句

下面介绍其中几个常用的输入 / 输出函数。

1. 字符数据的输入 / 输出函数

（1）字符输出函数 putchar。调用的一般格式如下。

```
putchar (ch)
```

功能：把 ch 输出到标准输出设备（显示器）。

参数形式：ch 可以是字符表达式或整型表达式。

头文件：该函数包含在 stdio.h 头文件中。

返回值：返回输出字符的 ASCII 码值，当输出有错误时，返回 -1。

【例 2-1】 输出一个字符。

程序代码如下。

```
#include <stdio.h>
main()
{
  int ch=65;
```

```
    putchar(ch);
    putchar(97);
}
```

【例2-2】 输出一个字符。

程序代码如下。

```
#include <stdio.h>
main()
{
    char ch='a';
    putchar(ch);
    putchar('A');
}
```

（2）字符输入函数 getchar。调用的一般格式如下。

```
getchar()
```

功能：从标准输入设备（键盘）读取一个字符。该函数的执行过程是当执行到这条语句时，切换到 DOS 环境下等待用户输入，从键盘输入一个或一串字符，按 Enter 键后，将输入的所有字符（包括回车符）放在缓冲区中，getchar 函数从缓冲区中只读取第一个字符。也就是说，getchar 函数等到输入一个回车才结束键盘输入，即使输入一个字符串，它也只从缓冲区读取第一个字符。

参数形式：无。

头文件：该文件包含在 stdio.h 头文件中。

返回值：读取字符的 ASCII 码。

注意：getchar 函数总是先从缓冲区读字符，只有当缓冲区为空时才会暂停并等待键盘的新输入。

【例2-3】 输入一个字符并输出。

程序代码如下。

```
#include <stdio.h>
main()
{
    char ch;
    ch=getchar();
    putchar(ch);
}
```

输入：

```
a↙
```

输出：

```
a
```

【例2-4】 输入一个字符串并输出。

程序代码如下。

```
#include <stdio.h>
main()
{
    char ch;
    ch=getchar();
    putchar(ch);
    ch=getchar();
    putchar(ch);
}
```

输入：

```
abc↙
```

输出：

```
ab
```

再次运行程序后，输入：

```
a↙
```

输出：

```
a
```

这是为什么？因为程序中的第二个 "ch=getchar( );" 使 ch 的值为回车符，第二个 "putchar(ch);" 把回车符输出。

（3）字符输入函数 getch。调用的一般格式如下。

```
getch()
```

功能：从标准输入设备（键盘）读取一个字符，但读取时该字符不在显示器上显示，这也是与 getchar 函数的区别。

参数形式：没有参数。

头文件：conio.h。

返回值：读取字符的 ASCII 码。

注意：getch 函数包含在 conio.h 头文件中。getch 函数与 getchar 函数的区别是前者只从键盘（不从缓冲区）读取字符，并且读取的字符不回显，而后者总是从缓冲区读字符，只有当缓冲区为空时才会暂停并等待键盘的新输入，按 Enter 键后把数据读到缓冲区中，并且读取的字符回显。

【例2-5】 输入一个字符并输出。

程序代码如下。

```
#include <stdio.h>
#include <conio.h>
main()
{
  char ch;
  ch=getchar();
  putchar(ch);
  putchar('\n');
  ch=getch();
  putchar(ch);
}
```

输入：

abc↙

输出：

a

输入：

w

【注意】 w字符不在显示器上显示。

输出：

w

2. 格式输入/输出函数

1）格式输出函数 printf

（1）第一种调用的一般格式如下。

```
printf ("<格式控制字符串>")
```

功能：当需要输出一个字符串常量时用此格式，将格式控制字符串常量输出到标准输出设备（显示器）中。

参数形式：格式控制字符串。格式控制字符串就是字符串常量。

头文件：stdio.h。

【例2-6】 在显示器上输出"Hello，I am a student."。

程序代码如下。

```
#include <stdio.h>
main()
```

```
{
    printf("Hello, I am a student.\n");
}
```

（2）第二种调用的一般格式。

```
printf("<格式控制字符串>"，<输出表达式1，输出表达式2,... >)
```

功能：当需要输出一个或多个表达式值时用此格式，将各个输出表达式的值按格式控制字符串中对应的格式说明输出到标准输出设备（显示器）中。

参数形式如下。

- 格式控制字符串：包括普通字符、转义字符、格式说明。
- 普通字符：原样输出。
- 转义字符：属于字符常量。
- 格式说明：以"%"开始，后跟一个或几个规定字符，一般形式如下。

```
%[标志][输出最小宽度][.精度][格式字符]
```

- 输出表达式：输出表达式个数是可选的，可以是1个，也可以是多个，但个数必须与格式控制字符串中的格式说明个数一样多，并且顺序要一一对应，各参数之间用"，"分开。输出表达式可以是常量、变量、函数、表达式等。

下面着重介绍格式控制字符串中的格式说明。

① 格式字符（表2-1）。

表 2-1 格式说明中格式字符及其在 printf( ) 函数中的意义

格式字符	描　　述
d	以十进制形式输出有符号整数
u	以十进制形式输出无符号整数
o	以八进制形式输出无符号整数
x	以十六进制形式输出无符号整数
f	以小数形式输出单、双精度实数
e	以指数形式输出单、双精度实数
c	输出单个字符
s	输出字符串

【例 2-7】 格式字符的使用。

程序代码如下。

```
#include <stdio.h>
main()
{
    int a=10;
    float b=-12.6666666666;
    double c=2.22222222222222222222;
```

```
    char ch='a';
    printf("a=%d\n",a);
    printf("a=%u\n",a);
    printf("a=%o\n",a);
    printf("a=%x\n",a);
    printf("b=%f\n",b);
    printf("b=%e\n",b);
    printf("c=%f\n",c);
    printf("c=%e\n",c);
    printf("ch=%c\n",ch);
    printf("ch=%d\n",ch);
    printf("s=%s\n","abcdefgh");
}
```

程序运行结果如图 2-2 所示。

图 2-2　格式字符的使用案例运行结果

② 输出最小宽度。输出最小宽度是一个十进制整数，用来表示输出的最少位数。

表达式值的实际位数大于输出最小宽度时，按实际位数输出。

表达式值的实际位数小于输出最小宽度时，输出的表达式值右对齐，左边用空格填充，但输出的宽度是输出最小宽度值。

【例 2-8】输出最小宽度的使用。

程序代码如下。

```
#include <stdio.h>
#include <conio.h>
main()
{
    int a=10;
    float b=-12.6666666666;
    double c=2.22;
    char ch='a';
    printf("a=%10d\n",a);
    printf("a=%10u\n",a);
    printf("a=%10o\n",a);
    printf("a=%10x\n",a);
    printf("b=%10f\n",b);
```

37

```
        printf("b=%10e\n",b);
        printf("c=%10f\n",c);
        printf("c=%10e\n",c);
        printf("ch=%10c\n",ch);
        printf("ch=%10d\n",ch);
}
```

程序运行结果如图 2-3 所示。

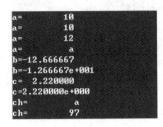

图 2-3 输出最小宽度的使用运行结果

③ 精度。精度格式符以 "." 开头，后跟十进制整数。一般应用于实型数、字符串表达式的输出。其含义是，如果输出表达式值是实型数，精度则表示小数的位数。如果实际的小数位数大于所定义的精度，则四舍五入；如果实际小数位数小于所定义的精度，则补 0。但单精度实型数只能精确到小数点后 6 位，而双精度实型数只能精确到小数点后 15 位。

如果输出的是字符串，则表示输出字符的个数；如果字符串的实际位数小于所定义的精度，按实际位数输出；如果实际位数大于所定义的精度，则截取超过的部分。当精度用来控制字符串输出时，精度实际是最大输出宽度。

【例 2-9】 精度的使用。

程序代码如下。

```
#include <stdio.h>
main()
{
    float b=-12.6666;
    double c=2.22222;
    printf("b=%.3f\n",b);
    printf("b=%.5f\n",b);
    printf("b=%.10f\n",b);
    printf("b=%.16e\n",b);
    printf("c=%.3f\n",c);
    printf("c=%.13f\n",c);
    printf("c=%.18e\n",c);
    printf("s=%.5s\n","abcdefgh");
    printf("s=%.10s\n","abcdefgh");
}
```

程序运行结果如图 2-4 所示。

```
b=-12.667
b=-12.66660
b=-12.6666002274
b=-1.2666600227355957e+001
c=2.222
c=2.2222200000000
c=2.22222000000000100e+000
s=abcde
s=abcdefgh
```

图 2-4 精度的使用运行结果

④ 标志。标志字符为 –、+、空格、# 四种，其意义如表 2-2 所示。

表 2-2 格式说明中标志及其在 printf( ) 函数中的意义

标　　志	描　　　　述
–	结果左对齐，右边填空格
+	输出符号（正号或负号）
空格	输出值为正数时数值前加空格，为负数时数值前加负号
#	以 %c、%s、%d、%u 输出表达式值时，此标记不影响输出结果
	以 %o 输出表达式值时，输出结果加前缀 "o；"
	以 %x 输出表达式值时，输出结果加前缀 "0x；"

【例 2-10】 标志的使用。

程序代码如下。

```c
#include <stdio.h>
main()
{
  int a=100;
  printf("a=%d\n",a);
  printf("a=%10d\n",a);
  printf("a=%-10d\n ",a);
  printf("a=%+d\n",a);
  printf("a=% d\n",a);
  printf("a=%#o\n",a);
  printf("a=%#x\n",a);
}
```

程序运行结果如图 2-5 所示。

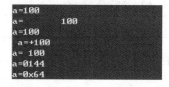

```
a=100
a=        100
a=100
 a=+100
a= 100
a=0144
a=0x64
```

图 2-5 标志的使用运行结果

2）格式输入函数 scanf( )

调用的一般格式如下。

```
scanf("<格式控制字符串>", <变量1地址,变量2地址,... >)
```

功能：scanf( ) 函数是格式化输入函数，当执行到这条语句时，切换到 DOS 环境等待用户输入，按格式控制字符串中指定格式，从标准输入设备（键盘）输入常量，并存入对应变量的地址中。scanf( ) 同 getchar( ) 函数都是带输入缓冲区的函数，即输入时按回车后将数据送到缓冲区，scanf( ) 从缓冲区中读取数据，当读到空格、回车或非法字符时读取结束，当缓冲区为空时才会暂停并等待键盘的新输入。

头文件：stdio.h。

返回值：返回值为 int 类型。返回成功获得值的变量个数。

参数形式：格式控制字符串包括普通字符、格式说明。

• 普通字符：原样输入。

• 格式说明：以 "%" 开始，后跟一个或几个规定字符，一般形式如下。

```
%[*] [ 输入数据宽度 ] [ 格式字符 ]
```

变量地址表：地址表列出了各变量的地址，而不是变量本身。如果是一般变量，在变量名前加上地址运算符 "&" 就是变量地址；如果是数组，数组名就是数组的首地址；如果是指针，指针名就是指针变量的首地址，这两种情况就不用加地址运算符 "&"。

下面着重介绍格式说明。

（1）格式字符如表 2-3 所示。

表 2-3　格式说明中格式字符及其在 scanf( ) 函数中的意义

格式字符	描　　述
d	输入有符号十进制整数
u	输入无符号十进制整数
o	输入无符号八进制整数（不需要以 0 开头）
x	输入无符号十六进制整数（不需要以 0x 开头）
f	以小数形式输入实数赋值给单精度变量
e	以指数形式输入实数赋值给单精度变量
lf	以小数形式输入实数赋值给双精度变量
le	以指数形式输入实数赋值给双精度变量
c	输入单个字符
s	输入字符串

【例 2-11】 scanf( ) 函数格式字符的使用之一。

程序代码如下。

```
#include <stdio.h>
```

```
main()
{
  float a;
  scanf("%f",&a);
  printf("a=%f\n",a);
}
```

程序运行结果如下。

输入：

```
11.2↙
```

输出：

```
11.200000
```

又输入：

```
11.2 ↙
```

输出：

```
11.200000
```

又输入：

```
11.2ab↙
```

输出：

```
11.200000
```

【例2-12】 scanf( )函数格式字符的使用之二。

程序代码如下。

```
#include <stdio.h>
main()
{
  char ch;
  double a;
  float b;
  scanf("%lf%c%f",&a,&ch,&b);
  printf("a=%f, ch=%c, b=%f",a,ch,b);
}
```

运行结果如下。

输入：

```
11.2a33.33↙
```

输出：

```
a=11.200000, ch=a, b=33.330000
```

（2）＊符用以表示该输入项读入后不赋值给相应的变量，即跳过该输入值。例如：

```
scanf("%d %*d %d",&a,&b);
```

当输入为"1   2   3"时，把1赋值给a，2被跳过，3赋值给b。

（3）输入数据宽度。输入数据宽度是十进制整数，用来指定输入的宽度（即字符数）。例如：

```
scanf("%5d",&a);
```

输入：

```
12345678
```

只把12345赋予变量a，其余部分被截去。又如：

```
scanf("%4d%4d",&a,&b);
```

输入：

```
12345678
```

将把1234赋予a，而把5678赋予b。

使用scanf()函数时的注意事项如下。

① 通常格式说明和变量地址要在顺序、个数和类型上对应一致。但也有一些特例，如对于实型变量可输入整型数据。

【例2-13】 scanf()函数的使用。

程序代码如下。

```
#include <stdio.h>
main()
{
  char ch;
  int a;
  float b;
  scanf("%c%3d%f",&ch,&a,&b);
  printf("ch=%c, a=%d, b=%f\n",ch,a,b);
}
```

程序运行结果如下。

输入：

```
a1234.56↙
```

输出：

```
ch=a, a=123, b=4.560000
```

② 可以使用普通字符作为输入数据的分隔符，输入时必须在数据间增加分隔符。例如：

```
scanf("%d, %d, %d",&a,&b,&c);
```

就应该输入：

```
3, 4, 5↙
```

又如：

```
scanf("a=%d, b=%d, c=%d",&a,&b,&c);
```

就应该输入：

```
a=3, b=4, c=5↙
```

③ 当格式控制字符串无普通字符时，系统隐含要求以一个或多个空格，或一个或多个 Tab 键，或一个或多个回车符作为输入数据间的分隔符。

```
scanf("%d%d%d",&a,&b,&c);
```

可输入：

```
3Tab 键 4Tab 键 5↙
```

也可输入：

```
3↙
4↙
5↙
```

也可输入：

```
3 空格 4 空格 5↙
```

3）清空输入缓冲区 fflush( ) 函数
调用的一般格式为

```
fflush(stdin)
```

功能：清空输入缓存区上的数据，使输入缓存区为空。可以与 getchar( ) 函数、scanf( ) 函数配合使用。

43

参数 stdin：标准输入设备（键盘）。

头文件：stdio.h。

【例 2-14】 fflush( ) 函数的使用。

要求：从键盘输入字符 'a'、'b' 并分别赋值给变量 c1、c2。

程序代码如下。

```
#include <stdio.h>
main()
{
  char c1, c2;
  scanf("%c",&c1);
  scanf("%c",&c2);
  printf("c1=%c, c2=%c",c1,c2);
}
```

程序运行结果如下。

输入：

```
a↙
```

输出：

```
c1=a, c2=↙
```

遇到的问题是在 DOS 环境下输入 a 并按 Enter 键后，无法输入 b。要解决以上问题，可以在输入函数前加入清除函数 fflush( )，修改以上程序如下。

```
#include <stdio.h>
main()
{
  char c1, c2;
  scanf("%c",&c1);
  fflush(stdin);
  scanf("%c",&c2);
  printf("c1=%c, c2=%c",c1,c2);
}
```

2.2　模块实现：学生成绩管理系统界面设计

学生成绩管理系统是贯穿于本教材的工学结合项目。学生成绩管理系统由如图 2-6 所示的模块构成。

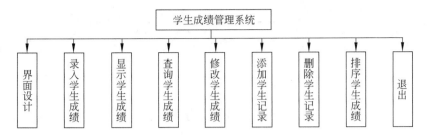

图 2-6　学生成绩管理系统模块构成

本章实现学生成绩管理系统的界面设计模块。

1. 需求分析

用 C 语言实现如图 2-7 所示的用户界面。

图 2-7　学生成绩管理系统用户界面

2. 算法设计

本模块需要输出主菜单选择界面，简单菜单的制作可以利用 printf( ) 函数。

用 printf( ) 函数将菜单项逐项地打印到屏幕上，界面中的边框可以通过多个 printf( ) 函数输出的 "|" 和 "–" 拼接起来。

先输出第一行，再输出第二行，依次完成整个菜单界面。

3. 程序代码

```c
#include <stdio.h>
main()
{
 printf("|------------------------------------|\n");
 printf("|        学生成绩管理系统，请选择数字进行相应操作        |\n");
 printf("|1:录入学生成绩，输入完成按 "#" 结束;        |\n");
 printf("|2:显示学生成绩;                     |\n");
 printf("|3:查询学生成绩;                     |\n");
 printf("|4:修改学生成绩;                     |\n");
 printf("|5:添加学生记录;                     |\n");
 printf("|6:删除学生记录;                     |\n");
 printf("|7:排序学生成绩;                     |\n");
 printf("|0:退出该系统                        |\n");
```

45

```
    printf("|-----------------------------------|\n");
}
```

📚 程序与人生

培养一丝不苟的学习习惯

在本任务中，同学们接触到了标识符的命名规则，也在顺序结构的学习中接触到了更多的程序代码。大家会发现，一个简单的程序，在调试过程中的一个命名错误或是变量名错误都会导致程序无法运行。程序语言和大家日常的交流语言不一样，它的严谨度更高，这就要求同学们在学习过程中养成一丝不苟的习惯。

例如，计算多个数字之和，当加数和被加数的数据类型都被定义为 float 时，大家往往都会习惯将数据之和 sum 变量也定义为 float 类型，但是没有考虑到附着数值变大，会导致数据的溢出问题，从而导致计算错误。

这样的例子有很多，反复的调试错误也会让同学们产生挫败感。但这是不可避免的，针对常规错误的积累会督促我们形成良好的编程习惯，同学们也要有意识地养成一丝不苟的学习习惯。这是对计算机专业学生的一种职业要求，拓展到其他专业或行业也同样适用。

习　　题

一、判断题

1. 程序中的所有语句都被执行一次，而且只能执行一次。（　　）
2. 在 C 语言中，任何表达式的尾部加上一个分号就可以构成语句。（　　）

二、选择题

1. 下列描述正确的是（　　）。
   A. 顺序结构不能单独构成一个完整的程序
   B. 顺序结构、循环结构、选择结构是三种最基本的结构
   C. 程序从文件最开始执行，不一定是从 main( ) 函数开始执行
   D. 程序按照语句的书写顺序执行
2. 下面描述正确的是（　　）。
   A. 赋值语句左边可以是表达式　　　　B. 变量赋初值是在程序运行时执行的
   C. 复合语句逻辑上是一条语句　　　　D. 空语句没有作用
3. 下列程序运行时输入 a↙ 后，叙述正确的是（　　）。

```
#include <stdio.h>
main()
{
```

```
    char c1,c2;
    c1=getchar();
    c2=getchar();
    putchar(c1);
    putchar(c2);
}
```

    A. 变量 c1 被赋予字符 a，c2 被赋予回车符

    B. 程序将等待用户输入第 2 个字符

    C. 变量 c1 被赋予字符 a 回车符，c2 将无确定值

    D. 变量 c1 被赋予字符 a，c2 将无确定值

4. 若要求从键盘上读入含有空格字符的字符串，应使用函数（   ）。

    A. getch( )   B. gets( )   C. getchar( )   D. scanf( )

5. 程序如下：

```
#include <stdio.h>
main()
{
    char c1,c2,c3,c4,c5,c6;
    scanf("%c%c%c%c",&c1, &c2, &c3, &c4);
    c5=getchar();
    c6=getchar();
    putchar(c1);
    putchar(c2);
    printf("%c%c\n",c5,c6);
}
```

运行后，若输入（从第一列开始）

```
123↙
45678↙
```

则输出结果是（   ）。

    A. 1267   B. 1256   C. 1278   D. 1245

三、填空题

1. 下列程序运行后的输出结果是_____。

```
#include <stdio.h>
void main()
{
    int a;
    char b;
    b='b';
    a=b+1;
```

```
        putchar(a);
        putchar('\n');
        putchar(b);
    }
```

2. 下列程序运行后的输出结果是_____。

```
main()
{
    int a,b,c;
    a=25;
    b=025;
    c=0x25;
    printf("%d %d %d\n",a,b,c);
}
```

3. 下列程序运行时，若从键盘输入 10 20 30↙，输出的结果是_____。

```
main()
{
    int i=0,j=0,k=0;
    scanf("%d%d%d",&i,&j,&k);
    printf("%d, %d, %d\n",i,j,k);
}
```

4. 下列程序运行时，若从键盘输入 b1234.56↙，输出的结果是_____。

```
#include <stdio.h>
main()
{
    char ch;
    int a;
    float b;
    scanf("%c%3d%f",&ch,&a,&b);
    printf("ch=%c, a=%d, b=%f\n",ch,a,b);
}
```

任务3 学生成绩管理系统主菜单功能实现（分支结构程序设计）

 学习情境

任务2介绍了如何设计并实现学生成绩管理系统的用户界面，本任务接着介绍如何实现主界面上的菜单选项功能。即能够根据用户的选择做出相应的动作，例如当用户选择1时，能够录入学生成绩；选择2时，能够显示学生成绩；选择3时，能够查询学生成绩等。

由于目前只是实现主菜单选择功能，而不能实现各菜单项的具体功能，因此在任务中，该程序只能根据用户的选择，输出对应菜单项的编号，即主菜单的菜单选项功能如图3-1所示。

图3-1 主菜单的菜单选项功能

在实现学生成绩管理系统菜单功能之前，首先学习必备的知识点。

3.1 任务学习引导

在任务2中介绍了C语言提供控制语句来实现分支结构的程序结构，而控制语句中经常要使用关系表达式和逻辑表达式，所以在介绍分支结构程序设计之前先介绍关系运算符和逻辑运算符。

3.1.1　关系运算符与关系表达式

1. 关系运算符

关系运算实际上是比较运算，就是将两个数据进行比较，来判定是否符合给定的条件。比较两个数据的运算符称为关系运算符。

C语言中提供了 >（大于）、<（小于）、>=（大于及等于）、<=（小于及等于）、==（等于）、!=不等于）六种关系运算符。

关系运算

关系运算符都是双目运算符，其结合性均为左结合。关系运算符的优先级低于算术运算符，高于赋值运算符。在6种关系运算符中，>、<、>=、<= 的优先级相同，高于 == 和 !=，== 和 != 的优先级相同。

注意：在C语言中，==（等于）运算符不同于 =（赋值）运算符。

2. 关系表达式

x>0、a+b<=8 都是关系表达式。用关系运算符把两个C语言表达式连接起来得到的表达式叫作关系表达式。例如，a+b>c−d、x>3/2、a!=(c= =d) 等。关系表达式的值只有"真（正确）"和"假（错误）"两个值，分别用"1"和"0"表示。

例如：

5>0 的值为"真"，即为 1。

(a=3)>(b=5) 中，由于 3>5 不成立，故其值为假，即为 0。

(5= =3)>(b=5) 中，由于 0>5 不成立，故其值为假，即为 0。

3.1.2　逻辑运算符与逻辑表达式

1. 逻辑运算符

C语言中提供了 !（逻辑非）、&&（逻辑与）、||（逻辑或）三种逻辑运算符。

逻辑运算

（1）! 是单目运算符，对应的运算数是一个，如 !a。

"!"的运算法则是，若 a 为非零，则 !a 为 0；若 a 为零，则 !a 为 1。

注意：在C语言中，任何非 0 数的逻辑值是 1，0 的逻辑值是 0。

（2）&& 是双目运算符，作用在前、后两个表达式上，如 a&&b。

"&&"的运算法则是，当且仅当两个表达式 a、b 的值都为非零（真）时，结果才为 1（真）；否则，只要其中有一个表达式为零（假），则结果为 0（假）。

例如，1&&5 为 1；3&&0 和 0&&1 都为 0。

（3）|| 是双目运算符，作用在前、后两个运算表达式上，如 a||b。

"||"的运算法则是，当且仅当两个运算对象的值同时为 0（假）时，结果才为 0（假）；否则，结果为 1（真）。

例如，5||6 为 1，5||0 为 1，0||5 为 1，而 0||0 为 0。

三种逻辑运算符的真值表如表 3-1 所示，其中 a、b 是表达式。

表 3-1 三种逻辑运算符的真值表

a	b	!a	a&&b	a||b
0	0	1	0	0
0	1	1	0	1
1	0	0	0	1
1	1	0	1	1

与运算符 && 和或运算符 || 具有左结合性，非运算符 ! 具有右结合性。单目运算符优先级高于双目运算符的优先级，因此非运算符 ! 的优先级在三者中最高，其次是与运算符 &&，最后是或运算符 ||。

逻辑运算符和其他运算符优先级的关系从高到低排列如下。

- !
- 强制类型转换运算符（类型名）
- *、/、%
- +、−
- >、<、>=、<=
- ==、!=
- 与运算符 &&
- 或运算符 ||
- 赋值运算符
- 逗号运算符

例如，按照运算符的优先顺序可以得出：a>b && c>d 等价于 (a>b) && (c>d)，!b= = c||d 等价于 ((!b)= =c)||d。

2. 逻辑表达式

用逻辑运算符将表达式连接起来得到的表达式称为逻辑表达式。逻辑表达式的值是"真（正确）"和"假（错误）"，用"1"和"0"表示。

逻辑表达式在程序设计中常被用到。例如，判断字符变量 c 的值是否为数字字符，可用表达式 c>= '0' && c<='9'。若逻辑表达式的值为 1，则变量 c 的值必为数字字符；若为 0，则变量 c 的内容必为非数字字符。

又如，在 ASCII 码字符集中判断字符变量 ch 的值是否为小写字母，可用逻辑表达式 ch>= 'a' && ch<='z'。若逻辑表达式的值为 1，则变量 ch 的内容必为小写字母；若为 0，则变量 ch 的内容必为非小写字母。

简单的逻辑表达式可以组合成复杂的逻辑表达。分析复杂的逻辑表达式时，应根据逻辑运算符的优先级别逐步将其拆成较简单的逻辑表达式。

例如，用逻辑表达式描述下列条件。

（1）x 是 3 的倍数。

51

```
x %3= =0
```

（2）x 是偶数。

```
x%2= =0
```

（3）x 是 3 的倍数且 x 是偶数。

```
( x %3==0）&& (x%2==0)
```

（4）x 等于 10 或者 20。

```
(x==10)|| (x==20)
```

（5）某年是否为闰年。

某一年是否为闰年的判别条件是：如果某年能被 4 整除而不能被 100 整除，则这一年是闰年；或者能被 400 整除的年也是闰年。其逻辑表达式如下：

```
((year % 4 == 0) && (year %100 !=0)) || (year%400 == 0)
```

关系表达式和逻辑表达式一般用于控制语法的条件判断中。

3.1.3　if 语句

if 语句

1. if 语句

1）if 语句的第一种格式（不带 else 的 if 语句）

```
if( 条件表达式 ) 语句
```

功能：当条件表达式的值不等于 0（即判定为"真"）时，则执行语句，否则不执行 if 语句，直接执行 if 语句的下一条语句。

其中条件表达式一般是逻辑表达式或关系表达式，但也可以是其他表达式，如赋值表达式，甚至还可以是一个变量或常量。例如：if(a=6) 或 if(8) 都是允许的。

不带 else 的 if 语句的具体执行过程及流程如下。

先计算条件表达式的值，如果表达式的值是非零数，则执行语句，否则跳过对应的语句，执行 if 语句的下一条语句。对应的流程图如图 3-2 所示。

【例 3-1】 输入两个整数，输出其中较大的一个整数。

算法分析如下。

（1）从键盘输入两个整数赋值给变量 a、b。

（2）把 a 赋值给 max。

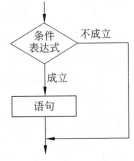

图 3-2　if 语句的第一种格式（不带 **else** 的 if 语句）的流程图

（3）用 if 语句判断，如果 max 比 b 还要小，那么就把 b 赋值给 max。因此，max 存放的永远是两个数中较大的数。

（4）输出 max。

对应的流程如图 3-3 所示。

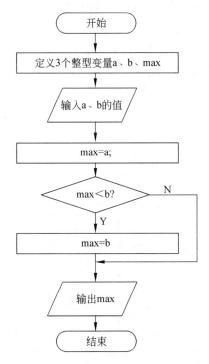

图 3-3　例 3-1 的流程图

程序代码如下。

```
#include <stdio.h>
main()
{
  int a,b,max;
  printf(" 请输入两个整数 \n");
  scanf("%d%d",&a,&b);
  max=a;
  if(max<b) max=b;
  printf("\n 两个整数中较大的数: %d",max);
}
```

程序运行结果如下。

输入：

1　　2

输出：

53

两个整数中较大的数：2

if语句如果要在满足条件时执行一组（多条）语句,就必须把这一组语句用"{""}"括起来组成一个复合语句,注意在"}"之后不必再加分号。

【例3-2】 输入两个实数,按从小到大的顺序输出。

算法分析如下。

（1）从键盘输入两个实数赋值给变量a、b。

（2）if语句判断,如果a比b还要大,那么就交换a、b的值。这样a中存放的永远是较小的数,b中存放的永远是较大的数。

（3）输出a、b。

对应的流程图如图3-4所示。

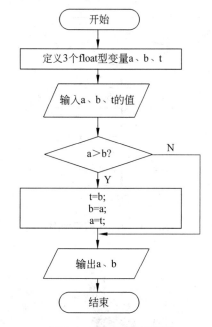

图3-4　例2-2的流程图

程序代码如下。

```
#include <stdio.h>
main()
{
  float a,b,t;
  printf(" 请输入两个实数 :\n");
  scanf("%f%f",&a,&b);
  if(a>b)
  {
```

```
    t=b;
    b=a;
    a=t;
  }
  printf(" 按从小到大的顺序输出这两个数: %f,%f\n",a,b);
}
```

程序运行结果如图 3-5 所示。

图 3-5　例 3-2 的运行结果

2）if 语句的第二种格式（if-else 语句）

```
if( 条件表达式 )
  语句 1;
else
  语句 2;
```

功能：当条件表达式的值不等于 0（即判定为"真"）时，则执行语句 1，然后转向 if-else 语句之后的下一条语句，否则执行语句 2，然后转向 if-else 语句之后的下一条语句。

其中，条件表达式满足的条件与第一种格式相同。

if-else 语句的具体执行过程及流程如下。

先计算条件表达式的值，如果表达式的值是非零数，则执行语句 1，然后转向下一条语句，否则执行语句 2，再转向下一条语句。对应的流程图如图 3-6 所示。

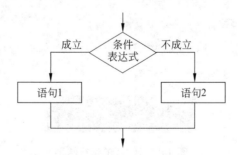

图 3-6　if 语句的第二种格式（if-else 语句）流程图

【例 3-3】　输入两个整数，输出其中较大的数，用 if-else 语句找出其中较大的数。

算法分析如下。

（1）从键盘输入两个整数赋值给变量 a、b。

（2）用 if-else 语句判断，如果 a 大于 b，那么就输出 a，否则就输出 b。

对应的流程图如图 3-7 所示。

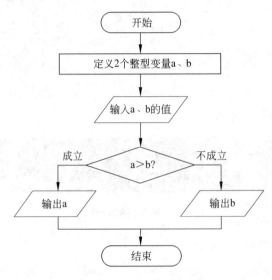

图 3-7　例 3-3 的流程图

程序代码如下。

```c
#include <stdio.h>
main()
{
  int a,b;
  printf(" 请输入两个整数 :\n");
  scanf("%d%d",&a,&b);
  if(a>b)
    printf(" 两个整数中较大的数: %d\n",a);
  else
    printf(" 两个整数中较大的数: %d\n",b);
}
```

程序运行结果如图 3-8 所示。

图 3-8　例 3-3 的运行结果

if-else 语句如果在满足条件时执行一组（多条）语句,就必须把这一组语句用 "{" "}" 括起来组成一个复合语句。同样, 在执行 else 对应的语句 2 时, 也可以使用复合语句。

【例 3-4】 给出三角形的 3 个边长, 输出三角形的面积。

算法分析如下。

（1）由定理可知，三角形的两边之和要大于第三边。

（2）从键盘输入三个实数赋值给变量 a、b、c。

（3）用 if-else 语句判断，如果有两边之和小于或等于第三边，那么就输出错误，否则就计算面积并输出。

对应的流程图如图 3-9 所示。

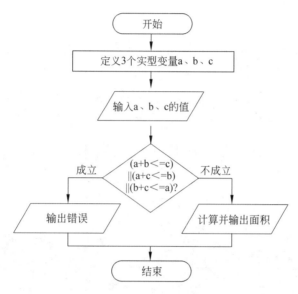

图 3-9　例 3-4 的流程图

程序代码如下。

```c
#include <stdio.h>
#include <math.h>
main()
{
  float a,b,c,s,area;
  printf("请输入三角形的三条边:\n");
  scanf("%f%f%f",&a,&b,&c);
  if((a+b<=c) ||(a+c<=b) ||(b+c<=a))
    printf("输入错误，不能组成三角形\n");
  else
  {
    s=(a+b+c)/2.0;
    area=sqrt(s*(s-a)*(s-b)*(s-c));
    printf("三角形的面积为:%f\n",area);
  }
}
```

运行结果如图 3-10 和图 3-11 所示。

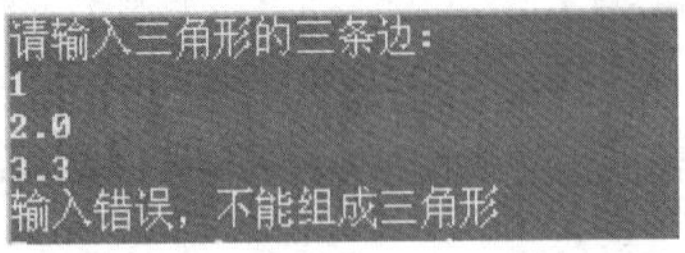

图 3-10 例 3-4 的运行结果

图 3-11 例 3-4 的运行结果

2. if 语句的嵌套

if 语句的嵌套又称 if-else-if 语句。当 if 语句中对应的某一语句又是一个 if 语句时，就形成了 if 语句的嵌套。其一般形式如下。

```
if( 条件表达式 )
    if 语句 1;
```

功能：判断条件表达式的值，如果值为真，则执行 if 语句 1。其中 if 语句 1 是一个 if 语句。

或者

```
if( 条件表达式 )
    if 语句 1;
else
    if 语句 2;
```

功能：判断条件表达式的值，如果值为真，则执行 if 语句 1，否则就执行 if 语句 2。其中 if 语句 1 和 if 语句 2 又是一个 if 语句。

【例 3-5】 根据学生的百分成绩确定五级登记成绩。85 分以上为 A，70~84 分为 B，60~69 分为 C，低于 60 分为 D。

算法分析如下。

输入的分数不同，执行的结果不同，不同的选择执行不同的分支，所以采用分支结构语句来实现。

对应的流程图如图 3-12 所示。

程序代码如下。

```
#include <stdio.h>
main()
{
  int score;
  printf(" 请输入成绩 :\n");
  scanf("%d",&score);
  if(score>=85)
    printf("A\n");
  else
```

58

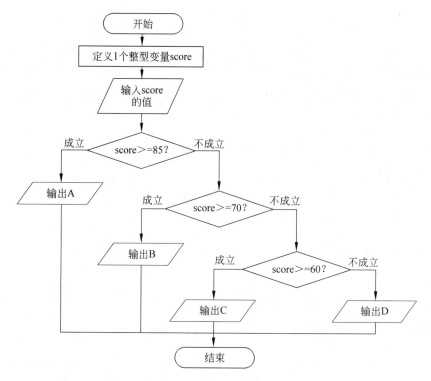

图 3-12 例 3-5 的流程图

```
    if(score>=70)
       printf("B\n");
    else
       if(score>=60)
          printf("C\n");
       else
          printf("D\n");
}
```

可见，在具有多重嵌套的分支结构程序设计中，if 语句的嵌套可以出现多层分支选择，可以实现各种复杂的逻辑判断。关键是要合理确定逻辑的流程及条件表达式，如果条件设计不当，就会出现逻辑上的混乱。

从例 3-5 可以看到，在 if 语句嵌套中，存在 else 语句与 if 的匹配问题。为了避免二义性，C 语言规定，else 总是与在它上面、距它最近，且尚未与其他 else 语句匹配的 if 配对。

为明确匹配关系，避免匹配错误，可以将内嵌的 if 语句，一律用花括号括起来，这样使程序更加清晰。一般要尽可能减少 if 语句的嵌套层次。

【例 3-6】 实际上等价于以下程序。

```
#include <stdio.h>
```

```
main()
{
    int score;
    printf(" 请输入成绩 :\n");
    scanf("%d",&score);
    if(score>=85)
      printf("A\n");
    else
    {
      if(score>=70)
        printf("B\n");
      else
      {
        if(score>=60)
          printf("C\n");
        else
          printf("D\n");
      }
    }
}
```

3. if 语句及 if 语句嵌套的注意事项

（1）在 if 语句中，条件表达式必须用括号括起来。

（2）条件表达式一般是关系表达式或逻辑表达式，但也可以是其他表达式。

（3）在 if 语句及 if 语句嵌套中，对应的语句都可以是复合语句。

（4）if 语句允许嵌套，但嵌套层数不宜太多。

4. 使用 if 语句的时机

在一个实际问题中，在算法设计与分析中，出现了"如果……，就……"或者出现了"如果……，就……，否则就……"时，就要考虑用 if 语句。

3.1.4 switch 语句

前面介绍的 if 语句最多有两个分支，而嵌套的 if 语句层数太多时，程序冗长，可读性降低，使用 switch 语句可直接处理多分支选择问题。

switch 语句称为开关语句，其一般格式如下。

```
switch( 表达式 )
{
    case 常量表达式 1：语句组 1; break;
    case 常量表达式 2：语句组 2; break;
    ...
```

```
case 常量表达式 n：语句组 n; break;
    default: 语句组 n+1;
}
```

功能及执行过程：计算表达式的值，再与其后的常量表达式值逐个进行比较匹配，当表达式的值与某个常量表达式的值相等时，执行其后的语句组，直到遇到 break 语句或执行到 switch 语句的结束符"}"时跳出 switch 语句；如果表达式的值与所有 case 后的常量表达式均不相同，则执行 default 后的语句。

程序说明：

① switch 后面的表达式和常量表达式可以是整型或字符型。

② case 后面的表达式只能是常量表达式，不能出现变量或含变量的表达式。各常量表达式的值不能相同，否则会出现错误。并且 case 与后面的常量表达式之间要用空格隔开。

③ case 后的语句组可以是一条语句，也可以是多条语句，当是多条语句时，可以不用"{}"括起来。

④ 语句"break;"的功能是跳出 switch 语句，接着执行 switch 语句后面的语句。

⑤ 各 case 和 default 语句的先后顺序可以变动，而不会影响程序执行结果。

⑥ default 子句可以省略不用。这时如果找不到对应的 case 分支，流程将不进入 switch 语句。

【例 3-7】 设计简单的计算器，实现 +、–、*、/ 运算。

问题要求：从键盘上输入简单的算术表达式，如 2+3，通过设计的计算器，输出 2+3 的值。当输入的运算符不是 +、–、*、/ 时给出错误提示。

算法分析如下。

（1）从键盘输入两个实数赋值给变量 a、b，输入一个字符变量赋值给变量 op。

（2）用 switch 语句判断，如果 op 的值是"+"，输出 a+b 的值；如果 op 的值是"–"，输出 a–b 的值；如果 op 的值是"*"，输出 a*b 的值；如果 op 的值是"/"，输出 a/b 的值。

对应的流程如图 3-13 所示。

程序代码如下。

```
#include <stdio.h>
main()
{
  float a,b;
  char op;
  printf(" 请输入简单的算术表达式 : a+(-,*,/)b \n");
  scanf("%f%c%f",&a,&op,&b);
  switch(op)
  {
    case '+': printf("%f  %c  %f = %f\n",a,op,b,a+b);break;
```

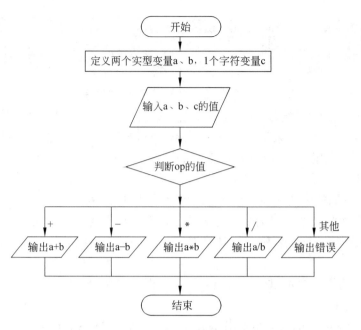

图 3-13   例 3-7 的流程图

```
    case '-' : printf("%f   %c   %f = %f\n",a,op,b,a-b);break;
    case '*' : printf("%f   %c   %f = %f\n",a,op,b,a*b);break;
    case '/' : printf("%f   %c   %f = %f\n",a,op,b,a/b);break;
    default: printf(" 输入错误 \n");
  }
}
```

程序运行结果如图 3-14 所示。

```
请输入简单的算术表达式: a+(-,*,/)b
34.5*89.6
34.500000 * 89.599998 = 3091.199947
```

图 3-14   例 3-7 的运行结果

【例 3-8】 程序代码修改后如下。

```
#include <stdio.h>
main()
{
  float a,b;
  char op;
  printf(" 请输入简单的算术表达式 : a+(-,*,/)b \n");
  scanf("%f%c%f",&a,&op,&b);
  switch(op)
  {
```

```
    case '+': printf("%f  %c  %f = %f\n",a,op,b,a+b);
    case '-': printf("%f  %c  %f = %f\n",a,op,b,a-b);
    case '*': printf("%f  %c  %f = %f\n",a,op,b,a*b);break;
    case '/': printf("%f  %c  %f = %f\n",a,op,b,a/b);break;
    default: printf(" 输入错误 \n");
  }
}
```

程序运行结果如图 3-15 所示。

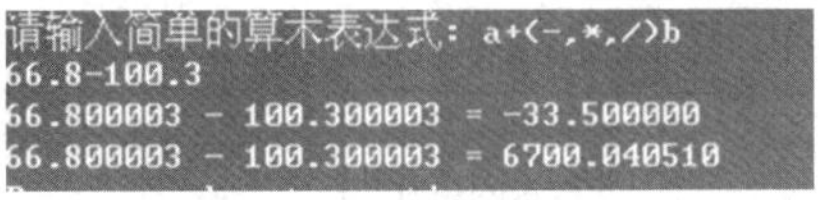

图 3-15 例 3-8 修改后的运行结果

这是为什么呢？ switch 语句在运行时，首先计算表达式的值，再与其后的常量表达式值逐个进行比较匹配，当表达式的值与某个常量表达式的值相等时，就以这个 case 对应的语句组为入口，执行其后的语句组，直到遇到 break 语句或执行到 switch 语句的结束符跳出 switch 语句，所以当在键盘上输入的运算符是 "–" 时，就会以 case '-' 对应的语句 "printf("%f\n",a-b);" 为入口开始执行，执行完这条语句后，接着执行 case '*' 对应的语句 "printf("%f\n",a*b);"，执行完后遇到 break 语句就跳出 switch 语句。

3.2 模块实现：学生成绩管理系统主菜单的实现

在任务 2 中介绍了如何实现学生成绩管理系统中的主菜单，本章要完成学生成绩管理系统的主菜单选择功能。

3.2.1 需求分析

完成学生成绩管理系统的主菜单选择功能，即菜单能够根据用户的选择做出相应的动作。当用户选择 1 时，能够录入学生成绩；选择 2 时，能够显示学生成绩；选择 3 时，能够查询学生成绩等。

由于目前只是实现主菜单选择功能，而不能实现各菜单项的具体功能，因此该程序只能根据用户的选择，输出对应菜单项的编号。

3.2.2 算法设计

不同的选择执行不同的分支，属于多路分支选择问题，所以采用分支结构的控制语句来实现。为了减少分层层次，避免程序冗长，增加程序的可读性，采用 switch 语句来实现菜单选择。

定义一个字符变量 choose，用来保存用户的菜单选择。鉴于目前仅仅是制作主菜单，还不能实现各菜单项的具体功能，因此该程序只能根据用户的选择，输出对应菜单项的编号。

具体流程如图 3-16 所示。

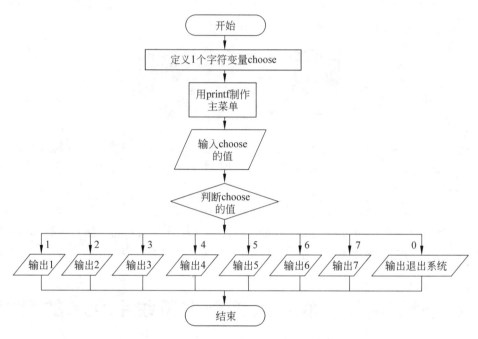

图 3-16　学生成绩管理系统主菜单的实现流程图

3.2.3　程序代码

```c
#include <stdio.h>
#include <conio.h>
main()
{
  char choose;
  printf("|--------------------------------------|\n");
  printf("|        学生成绩管理系统，请选择数字进行相应操作        |\n");
  printf("|1:录入学生成绩，输入完成按"#"结束；                    |\n");
  printf("|2:显示学生成绩；                                      |\n");
  printf("|3:查询学生成绩；                                      |\n");
  printf("|4:修改学生成绩；                                      |\n");
  printf("|5:添加学生记录；                                      |\n");
```

```
printf("|6:删除学生记录;                                        |\n");
printf("|7:排序学生成绩;                                        |\n");
printf("|0:退出该系统                                           |\n");
printf("|------------------------------------------|\n");
printf(" 请在 0~7 中选择 \n");
choose=getch();
switch(choose)
{
  case '1':
  {
    printf(" 您选择了菜单项: 1\n");
    break;
  }
  case '2':
  {
    printf(" 您选择了菜单项: 2\n");
   break;
  }
  case '3':
  {
    printf(" 您选择了菜单项: 3\n");
    break;
  }
  case '4':
  {
    printf(" 您选择了菜单项: 4\n");
    break;
  }
  case '5':
  {
    printf(" 您选择了菜单项: 5\n");
    break;
  }
  case '6':
  {
    printf(" 您选择了菜单项: 6\n");
    break;
  }
  case '7':
  {
    printf(" 您选择了菜单项: 7\n");
    break;
  }
  case '0':
  {
```

```
        printf("退出系统 ");
        break;
    }
  }
}
```

3.2.4 引申

思考一下，学生成绩管理系统主菜单选择功能除了用Switch语句外，还可以用if语句嵌套，或并列的if语句来实现。其中，采用并列的if语句结构也较简单。

采用并列的if语句实现的主要代码如下：

```
if(choose=='1')
printf("您选择了菜单项: 1\n");
if(choose=='2')
printf("您选择了菜单项: 2\n");
if(choose=='3')
printf("您选择了菜单项: 3\n");
if(choose=='4')
printf("您选择了菜单项: 4\n");
if(choose=='5')
printf("您选择了菜单项: 5\n");
if(choose=='6')
printf("您选择了菜单项: 6\n");
if(choose=='7')
printf("您选择了菜单项: 7\n");
if(choose=='0')
printf("退出系统 ");
```

3.3 自学与拓展

如果在if-else语句中只执行单个的赋值语句时，通常可以使用条件表达式来实现。不但使程序简洁，也提高了运行效率。

条件运算符的一般格式如下。

```
? :
```

条件运算符是一个三目运算符，即有3个参与运算的量。

条件运算符的优先级高于赋值运算符，但低于逻辑或运算符。

由条件运算符组成的表达式称为条件表达式。其一般形式如下：

表达式1？表达式2：表达式3

其求值规则为：如果表达式1的值为真，则以表达式2的值作为条件表达式的值，否则以表达式3的值作为整个条件表达式的值。

条件表达式通常用于赋值语句中，例如if-else语句。

```
if(a>b)
max=a;
else max=b;
```

可用条件表达式写为

```
max=(a>b)?a:b。
```

执行该语句的语义是：如a>b为真，则把a赋予max，否则把b赋予max。

 程序与人生

人生也是一道道选择题

在本任务中,同学们学习到了选择机构的运行思想:如果(if)符合某一个特定条件,那么就会执行与之对应的语句。其实,在我们成长道路上,也会面临各种各样的选择,小到日常的衣食住行,大到影响人生的道路走向。

那么,我们怎么才能在面临重要抉择的时候做出恰当的选择呢?最重要的就是看你的"选择条件"是什么。趋利避害是人作为动物的本能。人在进行选择时,利益是其中的一个标准,但绝不能是唯一标准。我们一定要在国家法律和道德规范的框架下做出正确的选择。近年来的黄宇间谍案、"海莲花"境外黑客组织案件中,很多罪犯为了个人的利益选择出卖了国家的利益,对我国党、政、军、金融等多个部门的通信安全造成难以估量的损失。因为他们的"选择条件"本身就是错误的,因此造成的结果于己于人甚至于国家都造成了巨大的损失。

作为当代的大学生,牢固树立宏观及正确的人生观、价值观和世界观是很有必要的,它能帮助我们抵制各种错误思潮和腐朽思想的影响和侵蚀,有利于我们透过现象看本质,有利于在面对选择的时能够全盘分析并做出正确的选择。具体到当前,我们要学好自己的专业,珍惜眼前的学习机会,树立良好的个人理想信念,在实现个人理想的同时,也为社会和祖国的建设做出一份自己的贡献,实现朴实而有效的爱国主义。

习　题

一、判断题

1. 100的逻辑值是1。（　　　）
2. 关系表达式和逻辑表达式的值只能是0或1。（　　　）

二、选择题

1. 下列程序的输出结果是（   ）。

```
main()
{
  int a=0,b=0,c=0,d=0;
  if(a=1)
    b=1;c=2;
  else
    d=3;
  printf("%d,%d, %d,%d\n",a,b,c,d);
}
```

  A. 0,1,2,0   B. 0,0,0,3   C. 1,1,2,0   D. 编译有错

2. 若有定义"flaot x=1.0;int a=1,b=3,c=2;"，正确的 switch 语句是（   ）。

  A.

```
switch(x)
  {
      case 1.0:printf("*\n");
      case 2.0:printf("*\n");
  {
```

  B.

```
switch((int)x)
  {
      case 1:printf("**\n");
      case 2:printf("**\n");
  {
```

  C.

```
switch(a+b)
  {
      case i:printf("*\n");
      case 2+1:printf("**\n");
  {
```

  D.

```
switch(a+b)
  {
      case 1:printf("*\n");
      case c:printf("*\n");
  {
```

3. 下列程序的输出结果是（   ）。

```
main()
{
  int a=3,b=4,c=5,d=2;
  if(a>b)
    if(b>c)
    printf("%d",d++);
    else
      printf("%d",++d);
    printf("%d\n",d);
}
```

  A. 2   B. 3   C. 43   D. 44

4. 下列程序的输出结果是（   ）。

```
#include <stdio.h>
main()
{
  int a=5,b=4,c=3,d=2;
  if(a>b>c)
    printf("%d\n",d);
  else
    if((c-1>=d)= =1)
     printf("%d\n",d+1);
    else
     printf("%d\n",d+2);
}
```

A. 2   B. 3   C. 4   D. 编译时有错，无结果

三、填空题

1. 能正确表示 a≥10 或 a≤0 的逻辑表达式是_____。

2. 能正确判断变量 c 中的字符是小写英文字母的表达式为_____。

3. 下面程序段的输出结果是_____。

```
main()
{
  int a,b,c=123;
  a=c%100/9;
  b=(-1)&&1;
  printf("%d ,%d \n",a,b);
}
```

4. 下面程序段的输出结果是_____。

```
int x=0,y=0;
if(x = y)
  printf("AAA");
else
  printf("BBB");
```

5. 下面程序段的输出结果是_____。

```
int x=0,y=0;
switch(x= =y)
{
    case 0:printf("AAA");
    case 1:printf("BBB");
    case 2:printf("CCC"); break;
```

```
    default: printf("DDD");
}
```

6. 指出以下程序的运行结果。

程序 1：

```
main( )
{
    int x=2,y=2,z=2;
    if (x<y)
      if(y<0)
        z=0;
      else z+=1;
    else z-=1;
    printf("%d\n",z);
}
```

程序 2：

```
main( )
{
    int x=2,y=2;
    switch(x-y)
    {
        case 0: x++;y++;
        case 1: x--;y--;
    }
    printf("%d,%d\n",x,y);
}
```

运行结果为_____。   运行结果为_____。

四、编程题

1. 输入三角形的 3 条边 a、b、c 的边长，求出三角形的面积。求三角形的面积用海伦公式：area＝sqrt(s(s－a)(s－b)(s－c))，s＝(a＋b＋c)/2。要求判断 a、b、c 的取值情况，其中 sqrt( ) 是头文件 math.h 中定义的一个函数，其功能是求一个实型数据的平方根。

2. 把五分制转换成百分制并输出。A 为 85 分以上，B 为 70~84 分，C 为 60~69 分，低于 60 分为 D。

3. 函数 $y=f(x)$ 有如下关系，输入 x，求并输出对应的函数值。

$$y=\begin{cases} x^2 & (x\in[-3,3]) \\ x+9 & (x>3) \\ x^3 & (x<-3) \end{cases}$$

任务 4　学生成绩管理系统主菜单重复选择的实现（循环结构程序设计）

 学习情境

任务 2 和任务 3 介绍了如何设计学生成绩管理系统的用户界面及界面上菜单选项功能的实现，本任务介绍如何实现学生成绩管理系统主菜单重复选择功能。即用户完成某一菜单功能后，系统能询问是否继续操作，能够继续进行菜单选择，直至用户选择了"0"才能退出系统，如图 4-1 所示。

```
#1:录入学生成绩，输入完成按"#"结束；
#2:显示学生成绩；
#3:查询学生成绩；
#4:修改学生成绩；
#5:添加学生记录；
#6:删除学生记录；
#7:排序学生成绩；
#0:退出该系统

您选择了菜单项：1

要继续选择吗（Y/N）
          学生成绩管理系统，请选择数字进行相应操作
#1:录入学生成绩，输入完成按"#"结束；
#2:显示学生成绩；
#3:查询学生成绩；
#4:修改学生成绩；
#5:添加学生记录；
#6:删除学生记录；
#7:排序学生成绩；
#0:退出该系统

请在0~7之间选择
```

图 4-1　学生成绩管理系统主菜单重复选择功能

在实现学生成绩管理系统主菜单重复选择功能前，首先要学习必备的知识点。

4.1　任务学习引导

任务 3 介绍了分支结构及在 C 语言中实现分支结构的条件语句，本任务将介绍循环结构及在 C 语言中实现循环结构的循环语句。

下面首先通过一个简单实例介绍什么是循环结构。

【例 4-1】 求 1~100 的累加和。

算法分析如下。

可以在程序中把 1+2+…+100 赋值给一个变量来求解，但如果求 1~10000 的累加和，这种方法很烦琐，不现实。

因此可以这样考虑问题，首先设一个累加器 sum，初值为 0，然后分别把 1，2，…，100 与 sum 相加赋值给 sum。具体重复运算如下。

第 1 次：sum=sum+1。

第 2 次：sum=sum+2。

第 3 次：sum=sum+3。

……

第 i 次：sum=sum+i。

……

第 100 次：sum=sum+100。

这样重复运算 100 次后，sum 的值就是 1~100 的累加和。可见，只要 i 值为 1~100，每次就重复相同的语句 sum=sum+i，用流程图描述如图 4-2 所示。

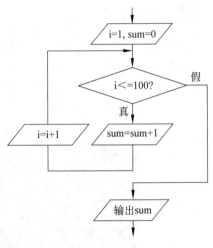

图 4-2　例 4-1 的流程图

通过上述算法分析可知，首先给 i 赋初值 1，然后就判断，只要 i<=100，就把 sum+i 赋值给 sum；然后 i 值加 1，再判断，满足条件就再次把 sum+i 赋值给 sum；直到 i 加 1 后值为 101，判断不再满足条件后就不再重复，这时，就要用循环结构程序设计来实现。即在满足某一指定条件下，重复进行相同运算，直到不满足条件就不再重复运算。

因此要设计出循环结构程序，就必须进行算法分析，分析出每次重复循环的语句，重复的开始和重复循环的结束。其中，控制循环开始和循环结束的变量称为循环控制变量（简称循环变量）。如例 4-1 中的变量 i 就是循环变量。其中 1 是循环变量的初始值，100 是循环变量的终止值。而每次重复循环的语句称为循环体。如例 4-1 中的 sum=sum+i 就是循环体。在实际问题中要想写出正确的循环语句，必须先要通过重复循环的算法分析，找到循环变量的初值和终止值，或者重复循环条件，第 i 次（每次）对应的循环体或每次执行的语句。

在了解了什么是循环结构程序设计及如何分析循环结构来找到循环的要素之后，那么下面进一步学习在 C 语言中如何用循环语句实现循环结构。

C 语言中提供了 for 语句、while 语句和 do-while 语句 3 种循环语句。

4.1.1　for 语句

for 语句的一般格式如下。

> for(表达式 1; 表达式 2; 表达式 3)　循环体语句

执行过程如下。

① 先求解表达式1。

② 求解表达式 2，若其值为真（非 0），则执行循环体语句，然后执行下面第③步；若其值为假（0），则结束循环，转到第⑤步。

③ 求解表达式 3。

④ 转回上面第②步继续执行。

⑤ 循环结束，执行 for 语句下面的一个语句。

for 循环

其执行流程如图 4-3 所示。

例 4-1 中，循环次数 i 是循环变量，i 的初值是 1，i 的终止值是 100，所以 i 要小于等于 100 才能循环，第 i 次对应的语句 sum=sum+i 是循环体。i 按 1 的增量递增，找到循环的三个要素后，用 for 语句实现例 4-1，程序代码如下。

```
#include <stdio.h>
main()
{
  int i,sum;
  sum=0;
  for(i=1;i<=100;i++)
  sum=sum+i;
  printf("1~100 的累加和是：%d\n",sum);
}
```

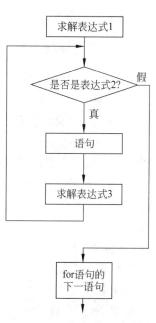

图 4-3　for 语句的流程图

for 语句格式的说明如下。

① 表达式 1 一般是给循环变量赋初值。 如例 4-1 中的循环语句：

> for(i=0;i<=100;i++)sum=sum+i;

② 表达式 2 称作循环条件，一般是关系表达式或逻辑表达式，但也可是数值表达式或字符表达式，只要其值非零，就执行循环体。表达式 2 决定什么时候退出循环，通常形式是循环变量 <= 循环变量的终止值，如例 4-1 中的循环语句"for(i=0; i<=100;i++)　sum=sum+i;"。

③ 表达式 3 一般是设置循环变量增量的表达式。如例 4-1 中循环变量取值分别是 1，2，3，…，100，所以每次递增 1，因此对应的 for 语句为"for(sum=0,i=1; i<=100;i++)　sum=sum+i;"。

例如，"for(i=0;i<100;i+=3);"中，i 每次递增 3，即循环变量 i 依次取 0，3，6，…，99。

④ 表达式 1 和表达式 3 都可以是一个简单表达式，也可以是逗号表达式。

如例 4-1 中的循环语句可以改写为"for(sum=0,i=1;i<=100;i++)　sum=sum+i;"，这

时例 4-1 的程序代码中 for 语句上面的 "sum=0;" 语句要删去。

同样，表达式 3 也可以是逗号表达式，如 "for(i=0,j=100;i<=100;i++,j--) k=i+j;"。

甚至表达式 1 和表达式 3 可以是空语句。空语句用 ";" 表示。含义是什么也不执行。如 "for(;(c=getchar( ))!='\n';) putchar(c);" 的含义是把输入的回车符前的字符输出到显示器上。

⑤ 表达式 1 用来给循环变量赋初值；表达式 2 是循环条件，一般是一个关系或逻辑表达式，决定什么时候退出循环；表达式 3 设置循环变量增量，定义循环变量每循环一次后按什么方式变化。这三个部分之间用 ";" 分开。

for 语句最简单的应用形式也是最容易理解的形式如下。

for(循环变量赋初值 ; 循环条件 ; 循环变量增量) 循环体语句

⑥ 循环体语句可以是一条语句，也可以是多条语句。当是多条语句时，循环体要用 "{" 和 "}" 括起来组成复合语句。

⑦ 对于具体的循环求解问题，首先要分析出重复运算的过程，然后要想用 for 语句实现，一般要找出循环变量及其初值和终止值，循环体即第 i 次的对应语句或每次执行的语句，循环变量的增量即可。

⑧ 一般地，循环次数确定时，用 for 循环实现。

⑨ for 语句写出后，可以通过图 4-3 中的 for 语句的流程检查是否满足问题的要求。

【例 4-2】 求 $n!$。

算法分析如下。

由数学知识可知 $n!=1\times2\times3\times\cdots\times n$。从键盘输入 n 值，n=8，就是求 8！；n=16，就是求 16！。首先设一个累乘器 fact 用来存放乘积，初值为 1，然后分别把 1，2，…，n 与 fact 相乘并赋值给 fact。具体重复运算如下。

第 1 次：fact=fact*1

第 2 次：fact=fact*2

第 3 次：fact=fact*3

……

第 i 次：fact=fact*i

……

第 n 次：fact=fact*n。

这样重复运算 n 次后，fact 的值就是 $n!$。可见，这个求解问题属于重复运算，所以要用循环结构实现。要想用 for 语句实现，就要从重复运算中提炼出循环变量及其初值和终止值，第 i 次的对应语句，循环变量的增量即可。通过分析把循环次数 i 作为循环变量，i 的初值是 1，最大值是 n，第 i 次对应的语句 "fact=fact*i;"，循环变量 i 的每次增量为 1。对应的 for 语句为 "for(i=1;i<=n;i++) fact=fact*i"。循环结束时 fact 的值就是 $n!$，最后输出 $n!$。

程序对应的流程图如图 4-4 所示。

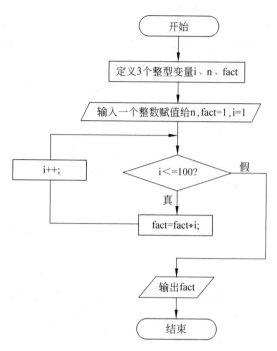

图 4-4　例 4-2 的流程图

程序代码如下。

```c
#include <stdio.h>
main()
{
  int i,n,fact=1;
  printf("请输入一个整数，求此数的阶乘：");
  scanf("%d",&n);
  for(i=1;i<=n;i++)
  fact=fact*i;
  printf("%d! = %d\n",n,fact);
}
```

程序运行结果如图 4-5 所示。

```
请输入一个整数，求此数的阶乘:6
6! = 720
```

图 4-5　例 4-2 的运行结果

【例 4-3】　输入全班 6 位学生某门课的成绩，计算平均成绩，并找出最高分和最低分。
算法分析如下。

首先设一个累加器 sum，用来存放所有学生的课程总成绩。sum 是实型变量，初值为 0。设实型变量 score，用来存放学生的成绩，成绩通过输入获取。再设两个实型 max、min，用来存放课程的最高分、最低分，并且 max 初值为 0，min 初值为 100。然后每次把学生成绩和 sum 相加赋值给 sum，如果成绩大于最高分，把这个成绩赋值给 max；如果成绩小于最低分，把这个成绩赋值给 min。具体重复运算如下。

第 1 次：输入第 1 个学生成绩赋值给 score，sum=sum+score，如果成绩大于最高分，把这个成绩赋值给 max；如果成绩小于最低分，把这个成绩赋值给 min。

第 2 次：输入第 2 个学生成绩赋值给 score，sum=sum+score，如果成绩大于最高分，把这个成绩赋值给 max；如果成绩小于最低分，把这个成绩赋值给 min。

第 3 次：输入第 3 个学生成绩赋值给 score，sum=sum+score，如果成绩大于最高分，把这个成绩赋值给 max；如果成绩小于最低分，把这个成绩赋值给 min。

……

第 i 次：输入第 i 个学生成绩赋值给 score，sum=sum+score，如果成绩大于最高分，把这个成绩赋值给 max；如果成绩小于最低分，把这个成绩赋值给 min。

……

第 6 次：输入第 6 个学生成绩赋值给 score，sum=sum+score，如果成绩大于最高分，把这个成绩赋值给 max；如果成绩小于最低分，把这个成绩赋值给 min。

可见，这个求解问题属于重复运算，所以要用循环结构实现。要想用 for 语句实现，就要从重复运算中提炼出循环变量及其初值和终止值，第 i 次的对应语句，循环变量进行增量即可。所以，通过分析把循环次数 i 作为循环变量，i 的初值是 1，终止值是 6，i 的增量为 1。第 i 次对应的语句为：输入第 i 个学生成绩并赋值给 score，sum=sum+score，如果成绩大于最高分，把这个成绩赋值给 max；如果成绩小于最低分，把这个成绩赋值给 min。对应的 for 语句如下。

```
for(i=1;i<7;i++)
{
    scanf("%f",&score);
    sum=sum+score;
    if(score>max) max=score;
    if(score<min) min=score;
}
```

程序对应的流程图如图 4-6 所示。
程序代码如下。

```
#include <stdio.h>
main()
{
  int i;
  float score,sum=0,max=0,min=100;
  printf(" 请输入一个学生的成绩 :\n");
  for(i=1;i<7;i++)
    {
```

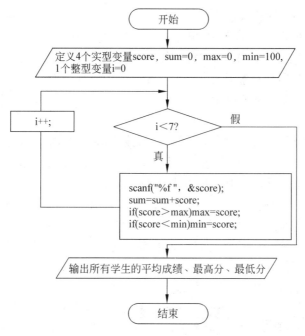

图 4-6　例 4-3 的流程图

```
    scanf("%f",&score);
    sum=sum+score;
    if(score>max) max=score;
    if(score<min) min=score;
    }
    printf(" 所有学生的平均成绩是 %f, 其中最高分是 %f, 最低分是 %f\n",sum/6,max,
min);
    }
```

程序运行结果如图 4-7 所示。

```
请输入一个学生的成绩：
67
88.5
90
45.6
67.6
81
所有学生的平均成绩是 73.283335,其中最高分是 90.000000,最低分是 45.599998
```

图 4-7　例 4-3 的运行结果

4.1.2　while 语句

while 语句的一般形式如下。

```
while( 表达式 ) 循环体语句
```

功能及执行过程：计算表达式的值，当值为真（非 0）时，执行循环体。然后再判断表达式，当值是真时，又执行循环体，直到条件为假才结束循环，并继续执行循环语句的后续语句。因为当满足循环条件时执行循环体，所以 while 语句也称为当型循环。其执行流程如图 4-8 所示。

图 4-8　while 语句流程图

程序说明：

① 表达式是循环条件，一般是关系表达式或逻辑表达式，但也可以是数值表达式或字符表达式，只要其值非零，就执行循环体。通常，表达式决定什么时候退出循环。

② 循环体语句可以是一条语句，也可以是多条语句。当是多条语句时，循环体要用"{"和"}"括起来组成复合语句。

③ 如果表达式是一个非 0 常量，循环将会永久地进行，形成"死循环"，这时可以通过循环体中的跳转语句跳出循环。如果程序在 DOS 环境下运行，可通过按 Ctrl+Break 组合键强制中断。例如：

```
while(1)  printf("a");
```

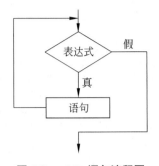

while 循环

④ 循环结构和分支结构的根本区别在于：分支结构中的语句最多只会执行一次，而循环结构中的语句可以重复执行多次。

⑤ while 循环的执行特点是"先判断，后执行"。例如：

```
i=30;
while(i<20)  printf("*");
```

表达式值为 0，循环体将一次也不执行。

⑥ while 语句的循环体也允许空语句。例如：

```
while((c=getche())!='\n');
```

这个循环直到按 Enter 键为止，不再循环。

如果用 while 语句实现例 4-1，对应的程序代码可以改写成如下形式。

```
#include <stdio.h>
main()
{
  int i,sum;
  sum=0;
  i=1;
  while(i<=100)
  {
    sum=sum+i;
    i++;
  }
```

```
        printf("1~100的累加和是: %d\n",sum);
}
```

本程序中 i 是循环变量，执行 while 语句之前，必须给循环变量 i 赋初值；循环体中，要有设置循环变量增量的语句，否则循环将变成死循环。若把上面程序中循环程序代码改为如下。

```
i=1;
while(i<=100)
{
    sum=sum+i;
}
```

那么程序进入死循环。

从上面程序可以看到，while 循环从某种意义上可以看作是 for 循环的变形，for 循环中给循环变量赋初值的表达式 1 用 while 语句实现要写在循环的上面；for 循环中给循环变量设增量的表达式 3 在 while 循环中写在循环体内；for 循环中作为循环条件的表达式 2 可以看成 while 循环中的表达式，用来控制循环到什么时候结束。因此只要通过重复运算的算法分析找到循环变量的初值和终止值，或者重复循环条件，第 i 次对应的语句或每次执行的语句后，不仅可以用 for 语句实现，也可以用 while 语句实现循环。

【例 4-4】 从键盘输入一行字符按 Enter 键结束，统计按 Enter 键之前字符的个数。

算法分析如下。

定义一个字符变量 ch，用来存放输入的字符，一个整型变量 num，用来存放字符个数。

第 1 次：读取一个字符赋值给 ch，如果 ch 不是回车符，num=num+1，否则 num 不再加 1。

第 2 次：读取一个字符赋值给 ch，如果 ch 不是回车符，num=num+1，否则 num 不再加 1。

第 3 次：读取一个字符赋值给 ch，如果 ch 不是回车符，num=num+1，否则 num 不再加 1。

……

第 i 次：读取一个字符赋值给 ch，如果 ch 不是回车符，num=num+1，否则 num 不再加 1。

……

可见属于重复运算，用循环结构实现。用户输入的字符个数是随机的，循环次数不易控制，但循环条件总是 ch 不是回车符就执行循环体。循环体为 num=num+1，读取一个字符赋值给 ch。因此采用 while 语句实现。

对应的流程图如图 4-9 所示。

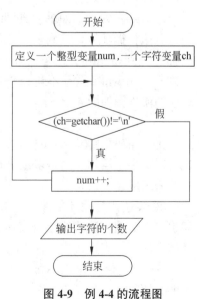

图 4-9　例 4-4 的流程图

79

程序代码如下。

```
#include <stdio.h>
main()
{
    int num=0;
    char ch;
    printf(" 请输入一行字符并按回车键结束 :\n");
    while((ch=getchar())!='\n') num++;
    printf(" 回车键之前字符的个数 %d\n",num);
}
```

程序运行结果如图 4-10 所示。

请输入一行字符并按回车键结束：
swe3d5h78.jh9gd
回车键之前字符的个数14

图 4-10　例 4-4 的运行结果

4.1.3　do-while 语句

do-while 语句的一般格式如下。

```
do
    循环体语句
while( 表达式 );
```

功能及执行过程：先执行循环体语句，然后计算、判断表达式（循环条件）是否为真，如果为真则继续循环，如果为假则终止循环。也就是一直执行循环体，直到表达式不成立就结束循环，所以这种循环类型也称为直到型循环。这个循环与 while 循环的不同在于：它是先执行，后判断。do-while 循环不论条件是否成立至少要执行一次循环体语句。相应的流程图如图 4-11 所示。

do-while 循环

程序说明：

① 与前两种循环语句相同，循环体语句可以是一条语句，也可以是多条语句。当是多条语句时，循环体要用 "{" 和 "}"括起来组成复合语句。

② 表达式是循环条件，一般是关系表达式或逻辑表达式，但也可是数值表达式或字符表达式，只要其值非零，就执行循环体。通常，表达式决定什么时候退出循环。

③ do 是保留字，不能省略，while(表达式) 后面的 ";"不能丢掉。

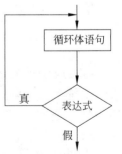

图 4-11　do-while 语句的流程图

④ 要用 do-while 语句实现循环，就要先通过重复循环的算法分析，找到循环变量的初值、最大值，或者重复循环条件，循环变量的增量，第 i 次（每次）对应的循环体，再套用 do-while 语句的格式即可。

⑤ 与 while 循环一样，要在 do 之前给循环变量赋初值，在循环体中要有设置循环变量增量的语句。

例如，用 do-while 语句改写例 4-2，求 *n*!。

算法分析如下。

由例 4-2 的算法分析可知，循环次数 i 作为循环变量，i 的初值是 1，最大值是 n，第 i 次对应的语句 fact=fact*i;。

因此用 do-while 语句改写例 4-2，对应的程序代码如下。

```
#include <stdio.h>
main()
{
  int i,n,fact=1;
  printf("请输入一个整数，求此数的阶乘：");
  scanf("%d",&n);
  i=1;
  do
  {
    fact=fact*i;
    i++;
  }
  while(i<=n);
  printf("%d! = %d\n",n,fact);
}
```

【例 4-5】 输入一个正整数，判断它的位数。

算法分析如下。

要判断正整数的位数，如正整数 1234，可以把这个数被 10 除，得到的商大于 0，位数加 1，然后继续把这个商被 10 除，得到的商大于 0，位数加 1，直到得到的商等于 0，位数就不在加 1，结束循环。可见属于重复运算，要用到循环结构。

设置整型变量 i 存放正整数的位数，初值为 0，因为输入的整数是正的，位数至少是 1，有以下情况。

当输入的数大于 0，那么第 1 次 i=i+1，正整数除以 10 赋值给商。

当商大于 0，那么第 2 次 i=i+1，商除以 10 再赋值给商。

当商大于 0，那么第 3 次 i=i+1，商除以 10 再赋值给商。

……

当商大于 0，那么第 i 次 i=i+1，商除以 10 再赋值给商。

……

一直到商为 0。

由分析可知，属于重复运算，所以用循环结构实现。由于用户输入的整数是随机

81

的，所以循环次数不明显，但循环的结束条件商为 0 是不变的，因此每次重复 i=i+1，商除以 10 再赋值给商，可以用 do-while 循环实现。其中，第 i 次（每次）对应的语句为 i=i+1，商除以 10 赋值给商，循环的结束条件是"商 =0"。

相应的流程图如图 4-12 所示。

程序代码如下。

```c
#include <stdio.h>
main()
{
  int i=0,n;
  printf(" 请输入一个正整数 :");
  scanf("%d",&n);
  do
  {
    i++;
    n=n/10;
  }while(n);
  printf(" 正整数 %d 的位数是: %d\n",n,i);
}
```

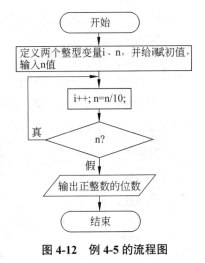

图 4-12　例 4-5 的流程图

程序运行结果如图 4-13 所示。

```
请输入一个正整数:123456
正整数0的位数是: 6
```

图 4-13　例 4-5 的运行结果

三种循环语句的比较如下。

① for 语句和 while 语句先判断条件,后执行语句,因此循环体有可能一次也不执行,而 do-while 语句的循环体不管循环条件是否满足至少执行一次。

② 必须在 while 语句和 do-while 语句之前对循环变量赋初值,而 for 语句一般在表达式 1 中对循环变量赋初值。

③ 在循环次数已经确定的情况下，习惯用 for 语句；而对于循环次数不确定，只给出循环结束条件的问题，习惯用 while、do-while 语句解决。

④ 已知循环变量初值和终止值时，三种循环都可以用来处理同一个问题，一般可以互相代替。

⑤ 循环结构与分支结构的区别：分支结构最多执行一次，而循环结构在满足条件时可以执行多次。

4.1.4　break 语句

break 语句通常用在 switch 语句和循环语句中。break 语句格式如下:

```
break;
```

功能：当 break 用于 switch 语句中时，可使程序跳出 switch 而执行 switch 后面的语句。switch 语句在任务 3 中已经介绍，这里不再举例。

当 break 语句用于 for、while、do-while 循环语句中时，可使程序提前终止循环而执行循环后面的语句。break 语句通常不直接出现在循环体中，而是与 if 语句联在一起，即满足条件时便跳出循环。对应的流程图如图 4-14 所示。

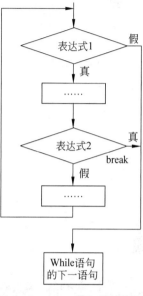

图 4-14　break 语句的流程图

【例 4-6】从键盘输入一个大于 1 的正整数，判断是不是素数。

算法分析如下。

由定义知，素数是指除了 1 和它本身外，没有其他因子，即不能被其他数整除的大于 1 的整数。

定义整型变量 a，要判断 a 是不是素数，应该根据素数的定义，用 2，3，…，a–1 分别去除 a，如果 a 能被其中某个数整除，a 不是素数。这时就不用再除下去，因为只要找到一个数能整除 a，就能断定 a 不是素数，就没有必要除后面的数，可以提前退出循环。如果所有这些数都不能整除 a，则 a 是素数。因此有以下情形。

第 1 次：如果 a%2 等于 0，那么退出循环。

第 2 次：如果 a%3 等于 0，那么退出循环。

第 3 次：如果 a%4 等于 0，那么退出循环。

……

第 i 次：如果 a%(i+1) 等于 0，那么退出循环。

……

最后一次：如果 a%(a–1) 等于 0，那么退出循环。

由分析可知，这属于重复运算，可以用循环实现。除数 i 作为循环变量，初值是 2，终止值是 a–1，增量为 1，每次对应的语句是如果 a%i 等于 0，那么退出循环，因此可以用 for 语句来实现。

当跳出上述 for 循环后，有两种可能：第一种是由于整除，执行了 break 跳出循环；第二种是由于 i 值为 a 跳出循环的。那么第一种情况 a 就不是素数，第二种情况 a 是素数。

相应的流程图如图 4-15 所示。

程序代码如下。

```c
#include <stdio.h>
main()
{
  int i,a;
  printf(" 请输入一个正整数 :");
```

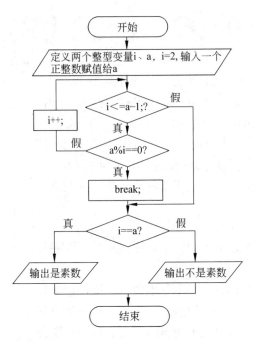

图 4-15　例 4-6 的流程图

```
scanf("%d",&a);
for(i=2;i<=a-1;i++)
  if(a%i==0) break;
  if(i==a)
    printf("%d是素数 \n",a);
  else
    printf("%d不是素数 \n",a);
}
```

程序运行结果如图 4-16 所示。

请输入一个正整数:11
11是素数

图 4-16　例 4-6 的运行结果

注意：

① break 语句对 if-else 的条件语句不起作用。

② 在多层循环中，一个 break 语句只向外跳一层。

4.1.5　循环语句的嵌套

如果在一条循环语句的循环体内又包含一个完整的循环结构，则构成循环的嵌套。C 语言所提供的三种循环语句（while 循环、do-while 循环和 for 循环）可以嵌套自身，也可以相互之间嵌套。嵌套时应该注意的是要在一个循环体内包含另一个完整的循环结构，这就是说，无论哪种嵌套关系都必须将一个完整的循环结构全部放在某个循环体内。

如在一个循环的循环体中又嵌套另一个循环语句，称为二重循环，其中循环体中的循环语句称为内层循环，外层的循环称为外层循环。

【例4-7】　输出如下3行，每行5个"*"的图案。

```
*****
*****
*****
```

算法分析如下。

第1次：输出第1行，换行。

第 i 次：输出第 i 行，换行。

第3次：输出第3行，换行。

由分析可知，属于重复运算，可以用循环实现。循环次数 i 作为循环变量，初值是1，终止值是3，每次对应的语句是输出第 i 行，换行。循环变量 i 的增量为1，因此可以用 for 语句来实现。

而对于循环体中的输出第 i 行，就是要输出5个"*"。

第1次：输出1个 *。

第2次：输出1个 *。

……

第 i 次：输出1个 *。

……

第5次：输出1个 *。

可见，循环体输出第 i 行又是一个重复运算，也要用循环实现。循环次数 j 作为循环变量，初值是1，终止值是5，每次对应的语句是输出1个 *。循环变量 j 的增量为1，因此也可以用 for 语句来实现。

这个问题属于循环嵌套问题，相应的流程图如图4-17所示。

程序代码如下。

```c
#include <stdio.h>
main()
{
  int i,j;
  for(i=1;i<=3;i++)
  {
    for(j=1;j<=5;j++)
      printf("*");
    printf("\n");
  }
}
```

程序运行结果如图 4-18 所示。

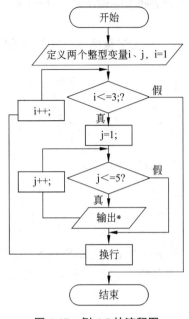

图 4-17　例 4-7 的流程图

图 4-18　例 4-7 的运行结果

可见，外层循环走一步，内层循环走多步。

注意： 在循环嵌套中，内层循环的循环变量名要和外层循环的循环变量名不同。

4.2　模块实现：学生成绩管理系统主菜单重复选择的实现

任务 3 中采用 switch 多分支语句实现了主菜单选择功能。本任务完成如何实现学生成绩管理系统主菜单重复选择功能。即首先出现主页面，以供用户选择。用户选择一个菜单项，完成相应功能后，出现"是否继续"的提示。当用户选择 y 时，能够出现主菜单供用户再次选择菜单选项，否则退出系统。

算法分析如下。

第 1 次：出现主菜单供用户选择，用户选择一个菜单项，完成相应功能。

第 2 次：出现主菜单供用户选择，用户选择一个菜单项，完成相应功能。

……

第 i 次：出现主菜单供用户选择，用户选择一个菜单项，完成相应功能。

……

循环次数随机，但总是重复地执行"出现主菜单供用户选择，用户选择一个菜单项，完成相应功能。"一直到用户选择菜单项 0 为止，退出循环。

从上述分析可知，重复运算用循环完成，循环次数不确定，但知道循环的终止条件，并且不管用户是否进行操作，主菜单至少要出现一次，因此采用直到型循环 do-while 语句实现。对应的循环体是，出现主菜单供用户选择，用户选择一个菜单项，完成相应功能。循环条件是，用户选择的菜单项不是 0。

任务 3 中定义了一个字符变量 choose，用来保存用户的菜单选项，整个程序的结构如下。

```
do
{
    //输出主菜单
    //输入菜单编号赋值给变量 choose
    switch(choose)
    {
        ...
    }//switch 语句完成相应菜单项功能
} while(choose!=0);
```

但是这样的程序存在两个问题。

（1）主菜单的编号是 0~7，要求用户从其中选择。当用户误操作致使输入的编号不在 0~7 时，程序没有对这种情况进行提示和处理，导致程序的健壮性不高。

（2）用户每次选择菜单项，完成相应的操作后，进入下一次循环，马上又出现主菜单，这样可能导致相应的操作结果在 DOS 环境下因滚屏而不易观察到，给用户带来不便，这种情况也需要进行处理。

为了增强程序的容错能力，针对上述问题，增加"判断菜单选项是否正确""询问模块"两个模块，具体解决方案如下。

（1）"判断菜单选项是否正确"模块。当用户选择了某一菜单编号，存储在变量 choose 后进行判断，当 choose 的值没有在 0~7，就提示并要求重新输入菜单编号，直到输入的值为 0~7。

（2）"询问模块"。为了给用户提供方便，采用人机对话形式，增加询问模块。当用户选择某一菜单项，完成相应的功能后，系统接着询问用户是否需要继续操作，当用户选择 Y 或 y 时，就进入下一次循环；当用户选择 N 或 n 时，就跳出循环，退出系统。

同样，当系统询问用户是否需要继续操作时，如果用户输入的值既不是 Y 或 y，也不是 N 或 n，就必须重新输入，直到输入的值是 Y、y 或 N、n。因此，设计一个字符变量 yesorno 来存储用户输入的值。

"判断菜单选项是否正确"模块的算法分析如下。

用户选择一个菜单项，存储在变量 choose 中，然后进行判断，当 choose 没有在 0~7 时，就提示并重新输入菜单编号，直到输入的值在 0~7。可见属于重复运算，用循环结构完成，并且知道循环条件是 choose 没有在 0~7，循环体是提示并重新输入菜单编号，因此用 while 语句实现。

"询问模块"的算法分析如下。

当用户选择某一菜单项完成相应的功能后，选择 Y 或 y 时，就进入下一次循环；选择 N 或 n 时，才跳出循环。

第 1 次：出现主页面供用户选择，用户选择一个菜单项，完成相应功能。系统询问是否继续，选择 Y 或 y，就继续；选择 N 或 n，就跳出循环。

第 2 次：出现主页面供用户选择，用户选择一个菜单项，完成相应功能。系统询问是否继续，选择 Y 或 y，就继续；选择 N 或 n，就跳出循环。

……

第 i 次：出现主页面供用户选择，用户选择一个菜单项，完成相应功能。系统询问是否继续，选择 Y 或 y，就继续；选择 N 或 n，就跳出循环。

……

循环次数随机，但总是重复地执行"出现主页面供用户选择，用户选择一个菜单项，完成相应功能。系统询问是否继续，选择 Y 或 y，就继续；选择 N 或 n，就跳出循环"，一直到用户选择 N 或 n 为止，跳出循环。

因此 do-while 语句的循环条件修改为，用户选择的菜单项是 Y 或 y。循环体是出现主页面供用户选择，用户选择一个菜单项，完成相应功能。系统询问是否继续，选择 Y、y 或 N、n。

其中，为了控制用户必须在 Y、y 或 N、n 四个字符中选择一个，可以用 do-while 语句实现。循环条件是 yesorno 不是 Y、y 或 N、n 四个字符，循环体是重新输入赋值给 yesorno。

因此，整个程序的框架结构如下。

```
do
{
  //输出主菜单
  //输入菜单编号赋值给变量 choose
  while
  {
    …
  } //while 语句来保证输入的 choose 必须为 0～7
  switch
  {
    …
  } //switch 语句完成相应菜单项功能
  printf("\n 要继续选择吗（Y/N）\n");
   do
   {
     …
   }while(yesorno!='Y'&& yesorno!='N'&&yesorno!='y'&&yesorno!='n')
//询问模块，while 语句来保证 yesorno 是 Y、y 或 N、n 四个字符之一
}while(yesorno=='Y'||yesorno=='y');
```

完善程序之后的完整流程图如图 4-19 所示。

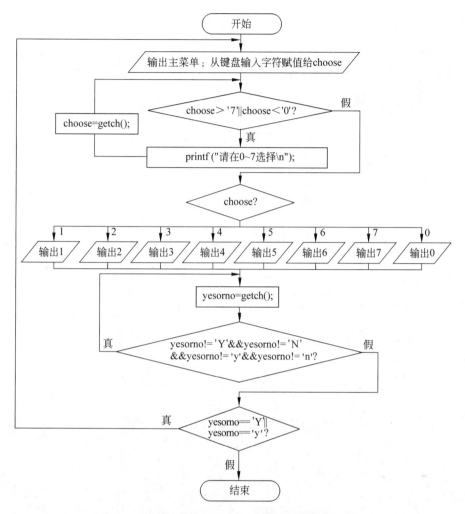

图 4-19 学生成绩管理系统主菜单重复选择流程图

程序代码如下。

```
#include <stdio.h>
#include <string.h>
#include <conio.h>
main()
{
   char choose,yesorno;
   do
   {
      printf("|---------------------------------------|\n");
      printf("|      学生成绩管理系统，请选择数字进行相应操作      |\n");
      printf("|1:录入学生成绩，输入完成按"#"结束；             |\n");
```

```c
    printf("|2：显示学生成绩；                                |\n");
    printf("|3：查询学生成绩；                                |\n");
    printf("|4：修改学生成绩；                                |\n");
    printf("|5：添加学生记录；                                |\n");
    printf("|6：删除学生记录；                                |\n");
    printf("|7：排序学生成绩；                                |\n");
    printf("|0：退出该系统                                    |\n");
    printf("|------------------------------------|\n");
    choose=getch();
    while(choose>'7'||choose<'0')
    {
      printf(" 请在 0~7 选择 \n");
      choose=getch();
    }
    switch(choose)
    {
      case '1':
      {
        printf(" 您选择了菜单项: 1\n");
        break;
      }
      case '2':
      {
        printf(" 您选择了菜单项: 2\n");
        break;
      }
      case '3':
      {
        printf(" 您选择了菜单项: 3\n");
        break;
      }
      case '4':
      {
        printf(" 您选择了菜单项: 4\n");
        break;
      }
      case '5':
      {
        printf(" 您选择了菜单项: 5\n");
        break;
      }
      case '6':
      {
        printf(" 您选择了菜单项: 6\n");
```

```
            break;
        }
        case '7':
        {
            printf("您选择了菜单项: 7\n");
            break;
        }
        case '0':
        {
            printf("确定要退出系统吗? ");
            break;
        }
    }
    printf("\n要继续选择吗（Y/N）\n");
    do
    {
      yesorno=getch();
    }while(yesorno!='Y'&& yesorno!='N'&&yesorno!='y'&&yesorno!='n');
  }while(yesorno=='Y'||yesorno=='y');
}
```

4.3　自学与拓展

continue 语句的一般格式如下。

```
continue;
```

功能及执行过程如下：跳过本次循环中剩余的语句，即不再执行循环体中 continue 语句之后的语句，而强行执行下一次循环条件的判断与执行。

程序说明：

（1）continue 语句只用在 for、while、do-while 等循环体中，常与 if 语句一起使用，用来加速循环。

（2）continue 语句只结束本次循环的执行，并不跳出循环，而 break 语句是跳出本层循环。对应的流程图如图 4-20 所示。

【例 4-8】 输出 100 以内能被 7 整除的正整数。

算法分析如下。

定义整型变量 a，要判断 a 是否被 7 整除，只要看相除的余数，余数是 0 能整除，就输出这个数；否则就不能整除，

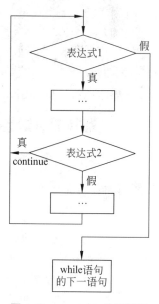

图 4-20　continue 的流程图

91

不输出这个数。判断完这个数是否能整除后，判断下一个数，直到100。1~6肯定不能被7整除，因此，

第1次：如果7%7!=0，就不输出，否则输出。

第2次：如果8%7!=0，就不输出，否则输出。

……

第i次：如果i%7!=0，就不输出，否则输出。

……

第93次：如果100%7!=0，就不输出，否则输出。

由分析可知，属于重复运算，可以用循环实现。被除数a作为循环变量，初值是7，最大值是100，每次对应的语句是如果i%7!=0，就不输出，否则输出。被除数a增量是1，因此可以用for语句来实现。

对应流程图如图4-21所示。

程序代码如下。

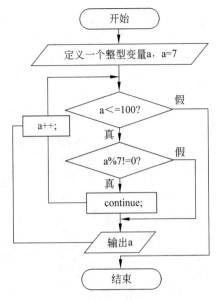

图4-21 例4-8的流程图

```c
#include <stdio.h>
main()
{
    int a;
    for(a=7;a<=100;a++)
    {
        if(a%7!=0) continue;
        printf("%5d",a);
    }
    printf("\n");
}
```

程序运行结果如图4-22所示。

```
 7   14   21   28   35   42   49   56   63   70   77   84   91   98
```

图4-22 例4-8的运行结果

🎓 程序与人生

坚持不懈才能成为一个优秀的人

循环结构的运行思想是判断循环条件，符合循环条件就一直重复循环体语句直到跳出循环。这很容易就让大家联想到中国几个传统寓言故事。

《愚公移山》是战国时期思想家列子创作的一篇寓言小品文。叙述了愚公不畏艰难，坚持不懈，挖山不止，最终感动天帝而将山挪走的故事。通过愚公的坚持不懈与智叟的

胆小怯懦，以及"愚"与"智"的对比，表现了中国古代劳动人民的信心和毅力，说明了要克服困难就必须坚持不懈的道理。

《铁杵磨成针》的典故讲的是唐朝著名诗人李白小时候从不认真读书，经常是把书本一抛就出去玩耍。一天李白碰到一个白发苍苍的老婆婆正拿着一根大铁棒在石头上磨，觉得好奇，问她做什么，老婆婆告诉他要磨成绣花针。李白深受感动，从此就用功读书，终于成为一代文豪。

不只在中国，在西方也有类似的故事。爱迪生发明电灯启示人们：要想有所作为，就不能因为几次失败而放弃目标，也不能取得小小的成绩就自满。

以上的中外故事阐述的哲理其实和循环结构的运行原理是相似的。我们大学生要善于总结和思考，只有坚持不懈地努力学习，以顽强意志战胜学习和生活遇到的各种困难，才能成为一名优秀的人才。

习　　题

一、判断题

1. for、while、do-while 循环分别有特定的用处，不能互相代替。（　　　）
2. while(x%3 ！=0) 和 while(x%3) 等价。（　　　）

二、选择题

1. 下列程序的输出结果是（　　　）。

```
main()
{
  int y=0;
  while(y--) ;
  printf("y=%d\n",y);
}
```

A. y=0　　　　　　B. y=-1　　　　　　C. y=1　　　　　　D. while 构成无限循环

2. 为使下列程序段不陷入死循环，从键盘输入的数据应该是（　　　）。

```
int n,t=1,s=0;
scanf("%d",&n);
do
{
  s=s+t;
  t=t-2;
}
while(t!=n);
```

A. 任意正奇数　　　　　　　　　B. 任意负偶数

C. 任意正偶数　　　　　　　　　　D. 任意负奇数

3. 若变量已正确定义，下列程序的输出结果是（　　　）。

```
i=0;
do
  printf("%d,",i);
while(i++);
printf("%d\n",i);
```

A. 0，0　　　　　　B. 0，1　　　　　　C. 1，1　　　　　　D. 程序进入无限循环

4. 下列程序的输出结果是（　　　）。

```
#include <stdio.h>
main()
{
  int i,j;
  for(i=1;i<3;i++)
  {
    for(j=1;j<4;j++)
      printf("%d*%d=%d  ",i,j,i*j);
    printf("\n");
  }
}
```

A. 1*1=1　　1*2=2　　1*3=3
　　2*1=2　　2*2=4

B. 1*1=1　　1*2=2　　1*3=3
　　2*1=2　　2*2=4　　2*3=6

C. 1*1=1
　　1*2=2　　2*2=4
　　1*3=3　　2*3=6　　3*3=9

D. 1*1=1
　　2*1=2　　2*2=4
　　3*1=3　　3*2=6　　3*3=9

5. 下列程序的输出结果是（　　　）。

```
#include <stdio.h>
main()
{
  int i,j,m=55;
  for(i=1;i<=3;i++)
    for(j=3;j<=i;j++)
      m=m%j;
  printf("%d\n",m);
}
```

A. 0　　　　　　　B. 1　　　　　　　C. 2　　　　　　　D. 3

6. 下列程序的输出结果是（　　　）。

```
main()
```

```
{
  int i,j,x=0;
  for(i=1;i<2;i++)
  {
    x++;
    for(j=0;j<=3;j++)
    {
      if(j%2) break;
      x++;
    }
    x++;
  }
  printf("x=%d\n",x);
}
```

    A. x=4   B. x=8   C. x=3   D. 12

7. 在以下给出的表达式中，与 while(E) 中的 E 不等价的表达式是（   ）。

    A. (!E= =0)   B. (E>0||E<0)   C. (E= =0)   D. (E!=0)

8. for 的循环次数是（   ）。

```
for(x=0,y=0;(y!=123)&&(x<4);x++);
```

    A. 无限循环   B. 循环次数不定   C. 执行 4 次   D. 执行 3 次

三、填空题

1. 运行下面程序段后，sum 的值是_____。

```
int i=0,m=55,sum=0;
for(i=2;i<7;i++)
  if(m%i= =0) break;
  else sum=sum+i;
```

2. 以下程序的输出结果是_____。

```
#include <stdio.h>
main()
{
  int n=12345,d;
  while(n!=0)
  {
    d=n%10;
    printf("%d",d);
    n=n/10;
  }
}
```

3. 以下程序的输出结果是   。

```
main()
{
  int s,i;
  for(s=0,i=1;i<3;i++,s+=i);
    printf("%d\n",s);
}
```

四、编程题

1. 求满足 1+2+3+⋯+n<1000 时 n 的最大值及其和。

2. 100 元买 100 只鸡，其中，公鸡 5 元 1 只，母鸡 3 元 1 只，小鸡 1 元 3 只，要求每种鸡至少有 1 只，请编写程序统计并输出所有的购买方案。

3. 编写输出以下图形的程序（要求输出的行数从键盘输入）。

```
*
**
***
****
…
```

4. 编写输出以下图形的程序（要求输出的行数从键盘输入）。

```
1
2 2
3 3 3
4 4 4 4
…
```

5. 用循环的嵌套实现输出九九乘法口诀。

任务5 用数组实现学生成绩管理系统

 学习情境

前面几个任务中用 do-while 循环结构搭建了学生成绩管理系统的整个框架，但由于所学的知识点有限，在执行菜单选项功能时，只能输出对应菜单项的编号，不能实现各菜单项的具体功能。本任务就是利用数组类型实现各菜单项的具体功能，包括录入学生成绩、显示学生成绩、查询学生成绩、修改学生成绩、添加学生记录、删除学生记录、排序学生成绩的功能，如图 5-1 所示。

因此，在实现学生成绩管理系统菜单选项功能之前，首先学习有关数组的知识点和语法。

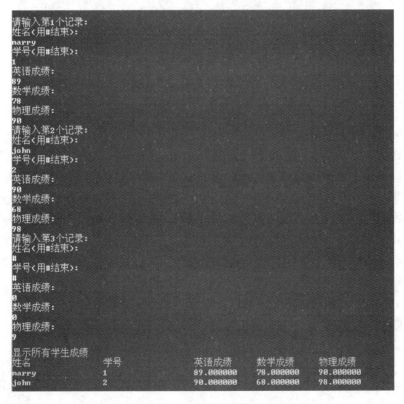

图 5-1 用数组实现学生成绩管理系统功能

```
请输入要查询的学生学号:1
查询结果:
姓名                 学号            英语成绩        数学成绩        物理成绩
marry               1              89.000000      78.000000      90.000000

请输入要修改的学生学号:1
请输入正确的学生姓名: marry
请输入正确的学生学号: 1
请输入正确的英语成绩:90
请输入正确的数学成绩:90
请输入正确的物理成绩:90

请输入要添加的学生学号:0
请输入要添加的学生姓名: ann
请输入要添加的英语成绩:100
请输入要添加的数学成绩:90
请输入要添加的物理成绩:99

显示所有学生成绩
姓名                 学号            英语成绩        数学成绩        物理成绩
marry               1              90.000000      90.000000      90.000000
john                2              90.000000      68.000000      98.000000
ann                 0              100.000000     90.000000      99.000000

请输入要删除的学生学号:2

显示所有学生成绩
姓名                 学号            英语成绩        数学成绩        物理成绩
marry               1              90.000000      90.000000      90.000000
ann                 0              100.000000     90.000000      99.000000

按学号从小到大地排序
显示所有学生成绩
姓名                 学号            英语成绩        数学成绩        物理成绩
0                   0              100.000000     90.000000      99.000000
marry               1              90.000000      90.000000      90.000000
```

图 5-1（续）

5.1　任务学习引导

在计算机应用领域中，经常遇到大量的数据处理问题，如统计学生成绩等。这些问题的数据量很大，如果用简单变量处理很不方便，甚至无法实现。为了解决这些问题，C语言引进了一个重要的数据类型——数组。这些按序排列的具有相同数据类型的变量集合称为数组。在C语言中，数组属于构造数据类型。数组中的每个变量称为数组元素，这些数组元素可以是基本数据类型或是构造类型，数组中元素的个数叫作数组的长度。按数组元素的类型不同，数组又可分为数值数组、字符数组、指针数组、结构数组等类别。本任务介绍数值数组和字符数组，其余的将在以后各任务中陆续介绍。

数组中数组元素值的数据类型相同。只有一个下标的数组称为一维数组，有两个下标的数组称为二维数组。

5.1.1　一维数组

1. 一维数组的定义、存储和引用

（1）一维数组的定义。在C语言中，数组与变量相同，必须

一维数组与二维数组

先定义后使用。一维数组的定义形式如下：

```
类型说明符  数组名 [ 常量表达式 ];
```

其中：

① 类型说明符：数组的数据类型，实际上也是数组元素的数据类型，可以是任一种基本数据类型或构造数据类型。

② 数组名：用户定义的标识符，因此数组名的命名要符合标识符的命名规则，建议要做到见名知意。

③ 方括号中的常量表达式：表示数据元素的个数，也称为数组的长度。

例如：

"int a[10];"定义了一个长度为 10 的整型数组 a。即定义的数组 a 中有 10 个数组元素，最多存储 10 个数据，这 10 个元素分别表示为 a[0]、a[1]、a[2]、…、a[9]，每个元素都是 int 类型。

"float b[10];"定义了一个长度为 10 的实型数组 b。即定义的数组 b 中有 10 个数组元素，最多存储 10 个数据，这 10 个元素分别表示为 b[0]、b[1]、b[2]、…、b[9]，每个元素都是 float 类型。

"char ch[20];"定义了一个长度为 20 的字符数组 ch。即定义的数组 ch 中有 20 个数组元素，最多存储 20 个数据，这 20 个元素分别表示为 ch[0]、ch[1]、ch[2]、…、ch[19]，每个元素都是 char 类型。

对于一维数组的定义应注意以下几点。

① 数组的数据类型实际上是指数组元素取值的数据类型。对于同一个数组，其所有元素的数据类型都是相同的。

② 数组名的书写规则应符合标识符的命名规则。

③ 在一个程序中，数组名不能与其他变量名、数组名同名。

④ 方括号中常量表达式表示数组的长度，如 a[5] 表示数组 a 有 5 个元素。

⑤ 不能在方括号中用变量来表示元素的个数，但是可以用符号常数或常量表达式。

例如，下述说明方式是正确的。

```
#define FD 5
main()
{
  int a[3+2],b[7+FD];
  …
}
```

下述说明方式是错误的。

```
main()
{
  int n=5;
  int a[n];
```

```
    ...
}
```

⑥ 允许在同一个类型说明中，定义多个数组和多个变量。例如：

```
int a,b,c,d,k1[10],k2[20];
```

（2）一维数组的存储。数组元素代表内存中的一个存储单元。编译或运行时，系统在内存中为数组分配连续的存储单元存储数组元素。

例如，"int a[3];"定义了一个长度为 3 的整型数组 a。即定义的数组 a 中有 3 个元素，这 3 个元素分别表示为 a[0]、a[1]、a[2]，每个元素都是 int 类型。在程序运行时，系统在内存中为数组 a 分配 3 个连续的存储单元，2B×3＝6B，即用 6B 存储数组 a。

（3）一维数组的引用。数组元素本质上是一种变量，其引用方法是数组名后跟一个下标。在程序代码中表示数组元素的一般形式如下。

```
数组名 [ 下标 ]
```

例如：

```
int a[3];
```

那么 a[0] 表示数组 a 中下标为 0 的元素，a[1] 表示数组 a 中下标为 1 的元素，a[2] 表示数组 a 中下标为 2 的元素。

其中：

① 下标表示元素在数组中的偏移量。注意数组元素的下标都是从 0 开始的。

② C 语言中，由于系统不做下标越界检查，越界也不会报错，因此程序中引用数组元素要注意不要越界。

例如，下述数组元素是不正确的。

```
main()
{
  int a[5];
  ...
  a[5]=6;
}
```

③ 下标可以是常量、变量，也可以是表达式，但其值必须是整型类型。

例如，下述数组元素都是合法的。

```
a[5]
a[i+j]
a[i++]
```

④ 在 C 语言中，数值数组只能逐个地使用数组元素，而不能一次引用整个数组。

例如，"int a[10];"要求输出数组 a 中的 10 个元素。

算法分析如下。

以数组元素的下标为循环变量 i，因此 i 的最小值为 0，最大值为 9。当下标为 i 时，对应的语句为输出 a[i]，因此用循环语句实现。

```
for(i=0; i<10; i++)  printf("%d",a[i]);
```

而不能用一个语句输出整个数组。下面的写法是错误的。

```
printf("%d",a);
```

通常，数组操作用循环实现，并且用数组元素的下标作为循环变量。

⑤ 对于被引用的数组元素，可以像普通变量一样进行其类型所允许的所有运算。

【例 5-1】 存放字符的数组示例。

程序代码如下。

```
#include <stdio.h>
main()
{
  char ch[5];
  int i;
  ch[0]='H';
  ch[1]='e';
  ch[2]='l';
  ch[3]='l';
  ch[4]='o';
  for(i=0;i<5;i++)
    putchar(ch[i]);
}
```

程序运行结果如下。

```
Hello
```

【例 5-2】 输入若干学生的成绩（用负数表示结束），计算平均成绩，并统计不低于平均分的学生个数。

算法分析如下。

首先选择数据类型。由于输入成绩的学生个数不确定，如果用普通变量存储成绩，那么就无法确定普通变量的个数，处理起来不方便，因此采用数组类型存放成绩。

定义实型数组 score[50] 来存放学生成绩，学生数最多是 50，定义实型变量 sum，初值为 0，用来存放成绩之和。定义整型变量 num，用来存放实际的学生个数，初值为 0。

具体流程如下。

① 先通过循环，输入每个成绩赋值给数组元素，同时把这个成绩加入 sum 中，并统计实际的学生人数到变量 num 中。

② 跳出循环后，把 sum/num 赋值给实型变量 aver 得到学生的平均分。

③ 再用循环统计不低于平均分的学生人数。

在实现第①步的过程中，定义一个变量 tempscore，用来存放当前输入的成绩，并把输入的第一个成绩赋值给 tempscore。

第 1 次：如果 tempscore>0，那么就把 tempscore 赋值给 score[0]，sum＝sum＋score[0]，num＋＋，再输入一个成绩赋值给 tempscore，否则输入结束。

第 2 次：如果 tempscore>0，那么就把 tempscore 赋值给 score[1]，sum＝sum＋score[1]，num＋＋，再输入一个成绩赋值给 tempscore，否则输入结束。

第 3 次：如果 tempscore>0，那么就把 tempscore 赋值给 score[2]，sum=sum＋score[2]，num＋＋，再输入一个成绩赋值给 tempscore，否则输入结束。

……

直到输入的成绩为负。

由分析可知，以上属于重复运算，用循环结构实现。但循环次数随机，因此用 while 语句实现。其中，把数组元素的下标 i 作为循环变量，初值为 0。循环条件为输入的成绩大于 0。循环体为 tempscore 赋值给 score[i]，sum=sum＋score[i]，num++，scanf("%f",& tempscore)。

```
scanf("%f",& tempscore);
i=0;
while(tempscore>0)
{
 score[i]= tempscore;
 sum=sum + score[i];
 num++;
 i++;
 scanf("%f",& tempscore);
}
```

在实现第③步的过程中，定义整型变量 count，初值为 0，用来存放不低于平均分的学生个数。

第 1 次：score[0] 和平均分 aver 比较，如果 score[0] 大于平均分 aver，count++。

第 2 次：score[1] 和平均分 aver 比较，如果 score[1] 不小于平均分 aver，count++。

第 3 次：score[2] 和平均分 aver 比较，如果 score[2] 不小于平均分 aver，count++。

……

第 i 次：score[i-1] 和平均分 aver 比较，如果 score[i-1] 不小于平均分 aver，count++。

……

最后一次：score[num -1] 和平均分 aver 比较，如果 score[num -1] 不小于平均分 aver，count++。

由分析可知，属于重复运算，用循环结构实现。以数组元素的下标作为循环变量，初值为 0，终止值为 num-1，循环变量增量为 1。对应的循环体是 score[i] 和平均分 aver

比较，如果 score[i] 大于平均分 aver，count++ 次数随机，因此用 for 语句实现。

```
for(i=0;i<= num -1;i++)
    if(score[i]>=aver) count++
```

程序对应的流程图如图 5-2 所示。

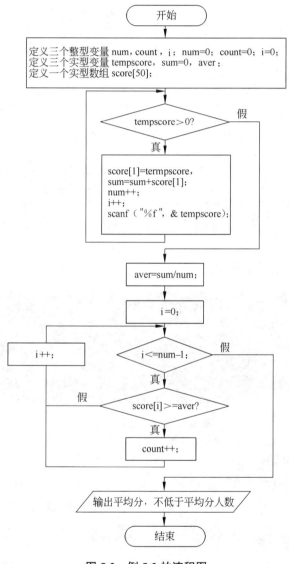

图 5-2　例 5-2 的流程图

程序代码如下。

```
#include <stdio.h>
main()
{
```

```
    float tempscore,score[50],sum,aver;
    int num,count,i;
    scanf("%f",&tempscore);
    count=0;
    i=0;
    num=0;
    sum=0;
    while(tempscore>0)
    {
      score[i]= tempscore;
      sum=sum + score[i];
      num++;
      i++;
      scanf("%f",&tempscore);
    }
    aver=sum/num;
    for(i=0;i<=num-1;i++)
    if(score[i]>=aver) count++;
    printf("所有学生的平均分是：%f,不低于平均分的学生人数是：%d\n",aver,count);
}
```

程序运行结果如图 5-3 所示。

图 5-3　例 5-2 的运行结果

2. 一维数组的初始化

给数组赋值的方法除了用赋值语句给数组元素逐个赋值外，还可采用初始化方法赋值。数组初始化是指在数组定义的同时给数组元素赋初值。数组初始化的一般形式如下。

类型说明符　数组名 [常量表达式]={ 值，值，...，值 };

其中，在 {} 中的各数据值即为各数组元素的初值，各值之间用逗号间隔。
例如：

```
int a[10]={ 0,1,2,3,4,5,6,7,8,9 };
```

等价于

```
int a[10];a[0]=0;a[1]=1;...;a[9]=9;
```

C 语言中数组初始化的说明如下。

（1）可以只给部分元素赋初值。当 { } 中值的个数少于元素个数时，只给前面部分元素赋值。

例如：

```
int a[10]={0,1,2,3,4};
```

等价于

```
int a[10];a[0]=0;a[1]=1;...;a[4]=4;
```

而未初始化的部分元素自动赋 0。即

```
a[5]=0; a[6]=0; ...; a[9]=0;
```

如果只定义，而不初始化，则数组元素的值是随机的。

例如：

```
int a[10];printf("%d,%d",a[0],a[1]) ;
```

输出的结果可能是 -90 1386。

（2）对于整型数组和实型数组，只能给元素逐个赋值，不能给数组整体初始化。

例如：给十个元素全部赋 1 值，只能写为

```
int a[10]={1,1,1,1,1,1,1,1,1,1};
```

而不能写为

```
int a[10]=1;
```

（3）如给全部元素初始化，则在数组说明中，可以不给出数组元素的个数。

例如：

```
int a[5]={1,2,3,4,5};
```

可写为

```
int a[]={1,2,3,4,5};
```

【例 5-3】 初始化一维数组的程序示例。

程序代码如下。

```
#include <stdio.h>
main()
{
  int i=0;
  int a[5]={1,2,3,4,5};
```

```
    int b[5]={2,3,4};
    int c[]={3,4,5,6,7};
    int d[5]={1};
    int e[5];
    printf(" 数组 a: \n");
    for(i=0;i<=4;i++)
        printf("%15d",a[i]);
    printf("\n");
    printf(" 数组 b: \n");
    for(i=0;i<=4;i++)
        printf("%15d",b[i]);
    printf("\n");
    printf(" 数组 c: \n");
    for(i=0;i<=4;i++)
        printf("%15d",c[i]);
    printf("\n");
    printf(" 数组 d: \n");
    for(i=0;i<=4;i++)
        printf("%15d",d[i]);
    printf("\n");
    printf(" 数组 e: \n");
    for(i=0;i<=4;i++)
        printf("%15d",e[i]);
    printf("\n");
}
```

程序运行结果如图 5-4 所示。

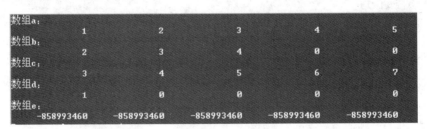

图 5-4　例 5-3 的运行结果

3. 一维数组的应用与冒泡排序法

数组在程序设计中非常有用，数组操作一般使用循环。下面举几个一维数组的应用例题。

【例 5-4】 一维数组的输入／输出。输入一个一维数组，正序、逆序方式输出。

算法分析如下。

定义一个长度为 5 的 float 类型的一维数组 a[5]。

① 输入一维数组 a[5]。

② 正序方式输出一维数组。

③ 逆序方式输出一维数组。

在实现第①步的过程中，数组不能作为整体进行赋值，只能逐个给数组元素赋值。

第 1 次：输入实数并赋值给 a[0]。

第 2 次：输入实数并赋值给 a[1]。

第 3 次：输入实数并赋值给 a[2]。

……

第 i 次：输入实数并赋值给 a[i-1]。

……

第 5 次：输入实数并赋值给 a[4]。

以上过程属于重复运算，用循环结构实现。把数组元素下标作为循环变量 i，初值为 0，终止值为 4，i 的增量为 1，每次对应的循环体为输入实数赋值给 a[i]。因此，可以用 for 语句实现。

```
for(i=0;i<5;i++) scanf("%f", &a[i]);
```

实现第②、第③步的过程与第①步类似，这里不再重复。

程序代码如下。

```
#include <stdio.h>
main()
{
  int i;
  float a[5];
  printf("请输入数组的 5 个元素:\n");
  for(i=0;i<=4;i++)
    scanf("%f",&a[i]);
  printf("正序输出数组:\n");
  for(i=0;i<=4;i++)
    printf("%9f",a[i]);
  printf("\n逆序输出数组:\n");
  for(i=4;i>=0;i--)
    printf("%9f",a[i]);
}
```

程序运行结果如图 5-5 所示。

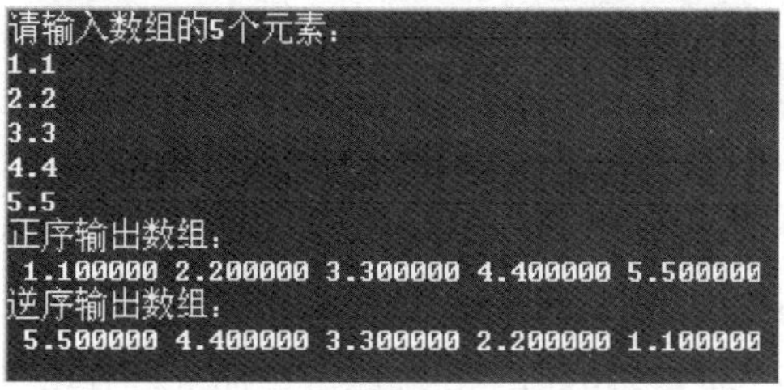

```
请输入数组的5个元素:
1.1
2.2
3.3
4.4
5.5
正序输出数组:
 1.100000 2.200000 3.300000 4.400000 5.500000
逆序输出数组:
 5.500000 4.400000 3.300000 2.200000 1.100000
```

图 5-5　例 5-4 的运行结果

【例 5-5】 输出 Fibonacci 数列的前 40 个数。

算法分析如下。

Fibonacci 数列如 1 1 2 3 5 8 13 21 …。即数列中前两个数分别是 1，从第 3 个数开始，每个数都是前 2 个数之和。

用整型数组 fib[40] 来存放 Fibonacci 数列的前 40 个数。其中，fib[0]=1，fib[1]=1，那么由定义可知：

```
fib[2]= fib[0]+ fib[1]
fib[3]= fib[1]+ fib[2]
fib[4]= fib[3]+ fib[3]
…
fib[i]= fib[i-2]+ fib[i-1]
…
fib[39]= fib[37]+ fib[38]
```

可以看出，问题属于重复运算，采用循环结构实现。将数组元素下标作为循环变量 i，初值为 2，终止值为 39，增量为 1，循环体为 fib[i]= fib[i-2]+ fib[i-1]，所以用 for 语句实现。

```
for(i=2;i<=39;i++)   fib[i]= fib[i-2]+ fib[i-1];
```

对应的流程图如图 5-6 所示。

程序代码如下。

```
#include <stdio.h>
main()
{
  int i,fib[40];
  fib[0]=1;
  fib[1]=1;
  for(i=2;i<=39;i++)
    fib[i]= fib[i-2]+ fib[i-1];
  for(i=0;i<=39;i++)
    printf("%-12d",fib[i]);
}
```

程序运行结果如图 5-7 所示。

【例 5-6】 输入 5 个整数，用冒泡排序法将它们升序排序并输出。

算法分析如下。

冒泡排序法的解题思路是将相邻的两个数进行比较，如果前一个数比后一个数大，就交换两个数，否则不交换，从而把最大的数放在最后。

任意给定 5 个整数，如 6 3 9 5 2，其排序过程如下。其中，带下画线的数据项表示当前参与比较并已完成交换的数据项，"[]" 中的数表示已排好序的数。

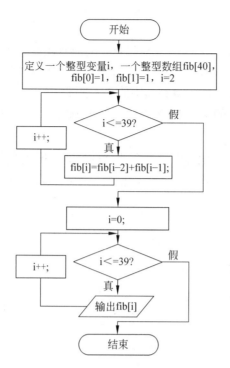

图 5-6 例 5-5 的流程图

图 5-7 例 5-5 的运行结果

初始数据为 6 3 9 5 2。

第一轮如下：

第 1 次：<u>6 3</u> 9 5 2 中第 1、2 个数比较，如前者比后者大，交换，得到 3 6 9 5 2；

第 2 次：3 <u>6 9</u> 5 2 中第 2、3 个数比较，如前者比后者大，交换，得到 3 6 9 5 2；

第 3 次：3 6 <u>9 5</u> 2 中第 3、4 个数比较，如前者比后者大，交换，得到 3 6 5 9 2；

第 4 次：3 6 5 <u>9 2</u> 中第 4、5 个数比较，如前者比后者大，交换，得到 3 6 5 2 9。

第一轮将 5 个数比较 4 次，得到数据中的最大值 9 并排到了最后一位，第二轮应该将剩下的 4 个数中的最大数移到 9 的前面。

第二轮如下：

第 1 次：<u>3 6</u> 5 2 [9] 中第 1、2 个数比较，如前者比后者大，交换，得到 3 6 5 2 9；

第 2 次：3 <u>6 5</u> 2 [9] 中第 2、3 个数比较，如前者比后者大，交换，得到 3 5 6 2 9；

第 3 次：3 5 <u>6 2</u> [9] 中第 3、4 个数比较，如前者比后者大，交换，得到 3 5 2 6 9。

第二轮将 4 个数比较 3 次，得到其中的最大值 6，第三轮应该将剩下的 3 个数中的最大数移到 6 的前面。

第三轮如下：

第1次：<u>3 5 2</u> [6] [9] 中第1、2个数比较，如前者比后者大，交换，得到 3 5 2 6 9；

第2次：<u>3 5 2</u> [6] [9] 中第2、3个数比较，如前者比后者大，交换，得到 3 2 5 6 9。

第三轮将3个数比较2次，得到其中的最大值5。

第四轮应该将剩下的2个数比较，只需比较1次，就可以将其中的大者移到后面。

至此，经过4轮比较，就可以将5个任意排列的数据按升序排好。

以上是5个数排序，从排序过程可以推出：对n个数进行冒泡排序，要经过n–1轮比较。

第一轮：比较 n–1 次；

第二轮：比较 n–2 次；

第三轮：比较 n–3 次；

……

第 i 轮：比较 n–i 次；

……

第 n–1 轮：比较 1 次。

由此可知，n个数进行冒泡排序，可以用循环结构完成。循环轮数 i 作为循环变量，循环变量的初值为1，最大值为 n–1，增量为1，循环体为比较 n–i 次，可以用 for 语句实现。

```
for(i=1;i<=n-1,i++); //比较 n-i 次
```

而循环体"比较 n–i 次"，就是比较第一个数、第二个数、……、第 n–i+1 个数，从中得到最大数并放在最后。因此有以下情况。

第1次：第1、2个数比较，如前者比后者大，交换；

第2次：第2、3个数比较，如前者比后者大，交换；

第3次：第3、4个数比较，如前者比后者大，交换；

……

第 j 次：第 j、j+1 个数比较，如前者比后者大，交换；

……

第 n–i 次：第 n–i、n–i+1 个数比较，如前者比后者大，交换。

从以上分析可见，循环体"比较 n–i 次"又是一个循环结构，用 for 语句实现。循环次数 j 作为循环变量，循环变量 j 的初值为1，终止值为 n–i，增量为1。循环体为第 j、j+1 个数比较，如前者比后者大，交换。

因此，用冒泡排序法实现数据排序，可以用循环嵌套实现。定义一个整型数组 a[5] 存放5个整数，程序对应的流程图如图 5-8 所示。

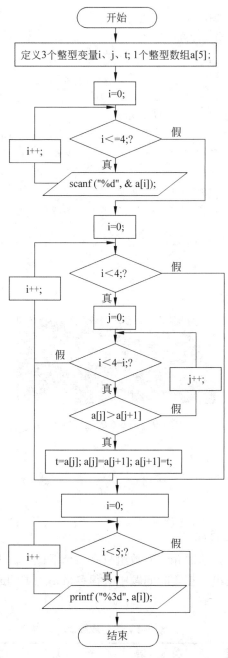

图 5-8 例 5-6 的流程图

程序代码如下。

```
#include <stdio.h>
main()
{
    int i,j,t,a[5];
```

```
    printf("请输入5个任意的整数: \n");
    for(i=0;i<=4;i++)
      scanf("%d",&a[i]);
    for(i=0;i<4;i++)
      for(j=0;j<=4-i;j++)
        if(a[j]>a[j+1])
        {
          t=a[j];
          a[j]=a[j+1];
          a[j+1]=t;
        }
    printf("这5个数升序排序为: \n");
    for(i=0;i<5;i++)
      printf("%3d",a[i]);
}
```

程序运行结果如图 5-9 所示。

图 5-9　例 5-6 的运行结果

5.1.2　二维数组

1. 二维数组的定义与存储

（1）二维数组的定义。前面介绍的数组只有一个下标，称为一维数组，那么有两个下标的数组就称为二维数组。在实际问题中有很多量是二维的或多维的。班级学生的各科成绩如表 5-1 所示。

表 5-1　学生成绩表

学　号	数　学	英　语	物　理	语　文	化　学
1	87	77	90	68	89
2	88	99	91	86	94
3	76	87	77	89	88
…	…	…	…	…	…

在数学上，通常将具有这种二维结构的数据用矩阵进行处理。矩阵是一组排列成 m 行 n 列的有序数据。上面的成绩数据用矩阵表示如下。

87　77　90　68　89

88　99　91　86　94

76　87　77　89　88

其中，这个矩阵有 3 行，5 列，每个数据称为元素，如第二行第一列的元素是 87，共有 15 个元素。

以上矩阵可以用二维数组来存储。

C 语言允许构造多维数组。多维数组有多个下标，本小节只介绍二维数组，多维数组可由二维数组类推而得到。二维数组定义的一般形式如下。

```
类型说明符　数组名 [ 常量表达式 1][ 常量表达式 2]
```

其中，常量表达式 1 表示第一维下标的长度，即表示有多少行，所以又称行下标。常量表达式 2 表示第二维下标的长度，即表示有多少列，所以又称列下标。例如：

```
int a[3][4];
```

以上代码定义了一个 3 行 4 列的整型二维数组 a，其数组元素的类型是整型，该数组的数组元素共有 3×4 个，即

a[0][0]　a[0][1]　a[0][2]　a[0][3]

a[1][0]　a[1][1]　a[1][2]　a[1][3]

a[2][0]　a[2][1]　a[2][2]　a[2][3]

在 C 语言中，用二维数组处理具有二维结构的数据。上述矩阵就可以用 3 行 4 列的二维数组来处理。如果将二维数组的每一行看作一个一维数组，那么二维数组可以看作是一个数组元素是一维数组的一维数组。

二维数组的定义说明如下。

① 类型说明符指的是数组的类型，实际上也是数组元素的数据类型，二维数组中的每个元素都是同一种数据类型。

② 数组名是用户定义的标识符，命名时要符合标识符的命名规则。

③ 表示行下标、列下标的常量表达式分别用于指定数组的行数、列数，二者均为常量表达式。

④ 不能在方括号中用变量来表示元素的个数，但是可以是符号常数或常量表达式。

⑤ 允许在同一个类型说明中，定义多个一维数组、多个二维数组和多个变量。例如：

```
int a,b,c,d,k1[10],k2[20],a[3][5],b[5][9];
```

（2）二维数组的存储。与一维数组相同，在编译或运行阶段，系统在内存中为二维数组分配连续的存储单元存储数组元素。

二维数组在内存中的存储顺序有两种。一种是按行排列，即存储一行之后顺次存储第二行，其他依次存储。另一种是按列排列，即存储一列之后再顺次存储第二列，其他依次存储。在 C 语言中，二维数组是按行排列的。即存放 a[0] 行，再存放 a[1] 行，再存放 a[2] 行，其他依次存储。每行中的元素也是依次存放。例如：

```
int a[3][4];
```

那么在运行阶段，系统为这个二维数组分配存储空间，依次存放数组元素。即存放顺序为 a[0][0]、a[0][1]、a[0][2]、a[0][3]、a[1][0]、a[1][1]、a[1][2]、a[1][3]、a[2][0]、a[2][1]、a[2][2]、a[2][3]。

在运行程序时，系统在内存中为 a 数组分配 12 个连续的存储单元，由于数组 a 定义为 int 类型，每个元素占用两个字节的内存空间，2B×12=24B，即用 24B 存储二维数组 a。

2. 二维数组的引用

二维数组的元素引用形式如下。

数组名 [行下标][列下标]

例如，a[3][4] 表示 a 数组中第 3 行第 4 列的元素。

注意：与一维数组相同，行下标、列下标都是从 0 开始，而不是从 1 开始。

程序说明如下。

（1）下标变量和数组定义在形式中有些相似，但这两者具有完全不同的含义。数组定义的方括号中给出的是行数或列数；而数组元素中的下标是该元素在数组中的位置，前者只能是常量或常量表达式，后者可以是整型常量，整型变量或整型表达式。

（2）注意数组元素的行下标、列下标都从 0 开始。

（3）行下标、列下标可以为常量、变量或表达式，但其值必须是整型。

例如，以下都是合法的数组元素。

```
a[5][2]
a[i+j][i]
a[i++][2]
```

（4）在 C 语言中只能逐个地使用数组元素，而不能一次引用整个数组。

（5）对于被引用的数组元素，可以像普通变量一样进行其类型所允许的所有运算。

【例 5-7】 用二维数组存储表 5-1 中的数据并输出。

程序代码如下。

```
#include <stdio.h>
main()
{
    int i,j,score[3][5];
    score[0][0]=87;score[0][1]=77;score[0][2]=90;score[0][3]=68;score[0][4]=89;
    score[1][0]=88;score[1][1]=99;score[1][2]=91;score[1][3]=86;score[1][4]=94;
    score[2][0]=76;score[2][1]=87;score[2][2]=77;score[2][3]=89;score[2][4]=88;
    for(i=0;i<3;i++)
    {
        for(j=0;j<=4;j++)
            printf("%5d",score[i][j]);
```

```
        printf("\n");
    }
}
```

程序运行结果如图 5-10 所示。

图 5-10　例 5-7 的运行结果

（6）数组是一种构造类型。二维数组可以看作是由一维数组的嵌套而构成的。设一维数组的每个元素都又是一个数组，就组成了二维数组。因此，一个二维数组也可以分解为多个一维数组。C 语言允许这种分解，如二维数组 a[3][4]，可分解为三个一维数组，其数组名分别为 a[0]、a[1]、a[2]。

对这三个一维数组不需另作定义即可使用。这三个一维数组都有 4 个元素，例如，一维数组 a[0] 的元素为 a[0][0]、a[0][1]、a[0][2]、a[0][3]。

必须强调的是，a[0]、a[1]、a[2] 不能作为数组元素使用，这些都是一维数组名。

3. 二维数组的初始化

与一维数组相同，给二维数组赋值的方法除了用赋值语句对数组元素逐个赋值外，还可采用初始化方法赋值。

（1）按行给二维数组赋初值。例如：

```
int a[2][2]={ {80,75},{61,65} };
```

等价于

```
int a[2][2];a[0][0]=80; a[0][1]=75; a[1][0]=61;a[1] [1]=65;
```

（2）按在内存中的存放顺序给二维数组赋初值。例如：

```
int a[2][2]= {80,75,61,65};
```

等价于

```
int a[2][2];a[0][0]=80; a[0][1]=75; a[1][0]=61;a[1] [1]=65;
```

这两种赋初值的结果是完全相同的。

二维数组初始化的说明如下。

① 可以只对部分元素初始化，未赋初值的元素自动取 0 值。

例如，"int a[3][3]={{1},{2},{1}};"是对每一行的第一列元素赋值，未赋值的元素取 0 值。

赋值后，各元素的值如下。

```
1 0 0
```

```
2 0 0
1 0 0
int a [3][3]={2,1,5};
```

赋值后，各元素的值如下。

```
2 1 5
0 0 0
0 0 0
```

如果只定义而不初始化，则数组元素的值是随机的。

② 只能给元素逐个赋值，不能给数组整体初始化。

例如，给 10 个元素全部赋 1 值，只能写为 "int a[2][5]={1,1,1,1,1,1,1,1,1,1};"，而不能写为 "int a[2][5]=1;"。

③ 如对全部元素初始化，则第一维的长度可以不给出。

例 如，"int a[3][3]={1,2,3,4,5,6,7,8,9};" 可 以 写 为 "int a[][3]={1,2,3,4,5,6,7,8,9};"，系统自动确定行数为 3。

【例 5-8】 初始化二维数组的程序示例。

程序代码如下。

```c
#include <stdio.h>
main()
{
  int i,j;
  int a[2][2]={ {80,75},{61,65} };
  int b[2][2]= {8,7,6,5};
  int c[3][3]={{1},{2},{1}};
  int d[3][3]={2,1,5};
  int e[][3]={1,2,3,4,5,6,7,8,9};
  int f[2][2];
  printf(" 数组 a: \n");
  for(i=0;i<2;i++)
  {
    for(j=0;j<=1;j++)
      printf("%10d",a[i][j]);
    printf("\n");
  }
  printf(" 数组 b: \n");
  for(i=0;i<2;i++)
  {
    for(j=0;j<=1;j++)
      printf("%10d",b[i][j]);
    printf("\n");
  }
  printf(" 数组 c: \n");
```

```
    for(i=0;i<=2;i++)
    {
        for(j=0;j<=2;j++)
            printf("%10d",c[i][j]);
        printf("\n");
    }
    printf(" 数组 d: \n");
    for(i=0;i<=2;i++)
    {
        for(j=0;j<=2;j++)
            printf("%10d",d[i][j]);
        printf("\n");
    }
    printf(" 数组 e: \n");
    for(i=0;i<=2;i++)
    {
        for(j=0;j<=2;j++)
            printf("%10d",e[i][j]);
        printf("\n");
    }
    printf(" 数组 f: \n");
    for(i=0;i<2;i++)
    {
        for(j=0;j<=1;j++)
            printf("%10d",f[i][j]);
        printf("\n");
    }
}
```

程序运行结果如图 5-11 所示。

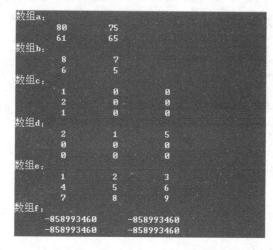

图 5-11 例 5-8 的运行结果

4. 二维数组的输入 / 输出

【例 5-9】 二维数组的输入 / 输出。

算法分析如下。

定义一个 float 类型的二维数组 a[4][5]。

① 输入二维数组 a[4][5]。

② 输出二维数组 a[4][5]。

在实现第①步的过程中，数组不能作为整体进行输入，只能逐个给数组元素赋值。

第 1 次：输入第 0 行。

第 2 次：输入第 1 行。

……

第 i 次：输入第 i–1 行。

……

第 4 次：输入第 3 行。

以上过程属于重复运算，用循环结构实现。把二维数组的行下标作为循环变量 i，初值为 0，最大值为 3，i 的增量为 1，每次对应的循环体为输入第 i 行。因此，可以用 for 语句实现。

第 i 行有 5 个数字，对于循环体输入第 i 行。具体分析如下。

第 1 次：输入第 i 行第 0 列。

第 2 次：输入第 i 行第 1 列。

……

第 i 次：输入第 i 行第 i–1 列。

……

第 5 次：输入第 i 行第 4 列。

从上述分析可以看出，"输入第 i 行；"可以用 for 语句实现。以二维数组的列下标作为循环变量 j，初值为 0，最大值为 4，i 的增量为 1，每次对应的循环体为输入第 i 行第 j 列。因此实现整个第①步要用循环嵌套，对应的 for 语句如下。

```
for(i=0;i<4;i++)
{
    for(j=0;j<=4;j++);
        scanf("%d",a[i][j]);
}
```

在实现第②步的过程中。

第 1 次：输出第 0 行；换行。

第 2 次：输出第 1 行；换行。

……

第 i 次：输出第 i–1 行；换行。

……

第 4 次：输出第 3 行；换行。

可用 for 语句实现。

第 i 行有 5 个整数，对于循环体中的输出第 i 行。具体分析如下。

第 1 次：输出第 i 行第 0 列。

第 2 次：输出第 i 行第 1 列。

……

第 j 次：输出第 i 行第 j–1 列。

……

第 5 次：输出第 i 行第 4 列。

对应的循环语句如下。

```
for(i=0;i<4;i++)
{
  for(j=0;j<=4;j++)
    printf("%3d",a[i][j]);
  printf("\n");
}
```

整个程序代码如下。

```
#include <stdio.h>
main()
{
  int i,j;
  int a[4][5];
  printf("请输入20个数组元素:\n");
  for(i=0;i<4;i++)
  {
    for(j=0;j<=4;j++)
      scanf("%3d",&a[i][j]);
  }
  printf("输出一个4行5列的数组:\n");
  for(i=0;i<4;i++)
  {
    for(j=0;j<=4;j++)
      printf("%3d",a[i][j]);
    printf("\n");
  }
}
```

程序运行结果如图 5-12 所示。

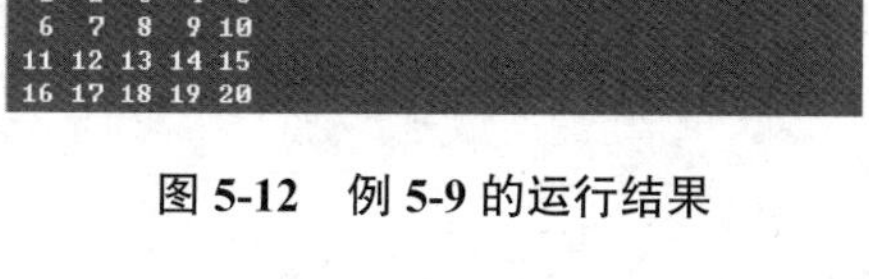

图 5-12　例 5-9 的运行结果

119

5.1.3 字符串与字符数组

用双引号括起来的一串字符称为字符串常量。例如，"abc"。字符串长度指的是字符串中，有效字符的个数。例如，"abc" 的长度是 3。但是在存储字符串时，系统在有效字符（例如 "abc"）后面自动加 "\0"，因此存储时占用 4B（"\0" 也占 1B），并且 C 语言用 '\0' 作为字符串结束的标志，'\0' 就称为字符串结束符。

字符数组

C 语言没有提供字符串变量，对字符串常量处理时，要把字符串存放在字符型数组中。字符数组就是指元素是字符的数组，可以是一维字符数组，也可以是二维字符数组。字符数组在实际问题中经常会用到，它是一个重点，也是一个难点。

1. 字符数组的定义与引用

（1）一维字符数组的定义形式。其定义与前面介绍的数值数组的定义相同。

```
char 数组名 [ 数组长度 ]
```

例如：

```
char c[10];
```

含义：定义一个长度为 10 的一维字符数组 c，c 的每个元素都可以存储一个字符，最多存储 10 个字符，整个字符数组可以存储一个长度少于 10 的字符串。

字符数组定义说明如下。

① 字符数组也可以是二维数组。例如：

```
char c[5][10];
```

含义：定义一个 5 行 10 列的二维字符数组 c，c 的每个元素都可以存储一个字符，最多存储 50 个字符。

② 一个二维字符数组可以分解为多个一维字符数组。C 语言允许这种分解，如二维字符数组 "char a[3][4];" 可分解为三个一维字符数组，其数组名分别为 a[0]、a[1]、a[2]。

对这三个一维字符数组不需另作定义即可使用。这三个一维数组都有 4 个元素，必须强调的是，a[0]、a[1]、a[2] 不能作为数组元素使用，它们都是一维数组名。

③ 与一维、二维数值数组相同，在编译或运行阶段，系统在内存中为字符数组分配连续的存储单元存储数组元素，同样二维字符数组在内存中是按行排列的。

④ 字符数组的每个元素存放一个字符，实际上存储的是字符的 ASCII 码。

（2）字符数组的引用。与数值数组一样，字符数组元素可以看作普通变量使用，字符数组可以按元素引用进行赋值、输入、输出等操作。此时的下标形式、取值范围与数值数组相同。例如：

```
char ch[10],str[3][10];
ch[0]='M';
ch[1]='M'+18;
scanf("%c",&ch[2]);
printf("%d", & ch[0]);
printf("%c", &ch[1]);
str[0][0]=' a ';
str[1][0]=9+ str[0][0];
scanf("%c", &str[2][1]);
printf("%c", &str[2][1]);
```

与数值数组不同的是，字符数组还可以按数组名进行输入/输出，即对字符数组进行整体引用。例如：

```
char ch[10];
scanf("%s", ch);
printf("%s", ch);
```

注意：对字符数组进行整体输入输出时，格式符是%s，而且输入项不加&，这是因为数组名本身就代表该数组存放的起始地址。

又如，以下语句也是合法的。

```
char str[10][100];
scanf("%s", str[0]);
printf("%s", str[0]);
```

因为二维数组可以分解为多个一维数组，每个一维数组名就代表这行数据存储的起始地址。

【例 5-10】 字符数组的定义与引用示例。

程序代码如下。

```
#include <stdio.h>
main()
{
  int i;
  char c[4],ch[4][5];
  c[0]='M';
  c[1]='i';
  c[2]='k';
  c[3]='e';
  printf(" 输出一维字符数组 c:\n");
  for(i=0;i<4;i++)
    printf("%c",c[i]);
  printf("\n 请输入二维字符数组 ch:\n");
  for(i=0;i<4;i++)
```

```
      scanf("%s",ch[i]);
   printf("\n 输出二维字符数组 ch:\n");
   for(i=0;i<4;i++)
   {
      printf("%s",ch[i]);
      printf("\n");
   }
}
```

程序运行结果如图 5-13 所示。

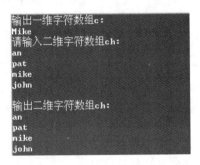

图 5-13　例 5-10 的运行结果

2. 字符数组的初始化

定义字符数组的同时为数组元素指定初值，称为字符数组的初始化。
例如：

```
char c[5]={'h', 'e ', 'l', 'l', 'o' };
```

等价于

```
c[0]= 'h'; c[1]= 'e '; c[2]= 'l'; c[3]= 'l'; c[4]= 'o';
```

也可以给字符数组的部分元素初始化，那么未被赋值的元素系统自动赋予 '\0'。
例如：

```
char c[7]={ 'h', 'e', 'l', 'l', 'o' };
```

等价于

```
c[0]= 'h'; c[1]= 'e'; c[2]= 'l'; c[3]= 'l'; c[4]= 'o'; c[5]= 'o';
c[6]= '\0';
```

当对全体元素初始化时也可以省去长度说明。
例如：

```
char c[7]={'p', 'r', 'o', 'g', 'r', 'a', 'm'};
```

可写为

```
char c[]={'p', 'r', 'o', 'g', 'r', 'a', 'm'};
```

这时 c 数组的长度自动定为 7。

C 语言允许用字符串的方式对字符数组作初始化赋值。

例如：

```
char c[]={'p', 'r', 'o', 'g', 'r', 'a', 'm'};
```

可写为

```
char c[]={"program"};
```

或去掉 {} 写为

```
char c[]="program";
```

用字符串方式赋值比用字符逐个赋值要多占 1B，用于存放字符串结束标志 '\0'。因此，"char c[]={'p', 'r', 'o', 'g', 'r', 'a', 'm'};" 中的字符数组 c 的长度为 7，而 "char c[]="program";" 的长度为 8。

上面的数组 c 在内存中的实际存放情况为

```
program\0
```

'\0' 是由 C 语言编译系统自动加上的。由于采用了 '\0' 标志，就不必再用字符数组的长度来判断字符串的长度了。同时在用字符串赋初值时一般无须指定数组的长度，而由系统自行处理。

同样，对于二维字符数组，其初始化方式与一维字符数组初始化方式相同。

可以按存储方式给二维字符数组初始化。

例如：

```
char c[2][3]={ 'p' , 'a' , 't' , 'a' , 'n' , 'n' };
```

等价于

```
char c[2][3];c[0][0]= 'p'; c[0][1]= 'a'; c[0][2]= 't'; c[1][0]= 'a';
c[1][1]= 'n'; c[1][2]= 'n' ;
```

也可以给部分元素初始化，那么未被赋值的元素系统自动赋予 '\0'。

例如：

```
char c[2][3]={ 'p', 'a', 't' };
```

等价于

```
char c[2][3];c[0][0]= 'p'; c[0][1]= 'a'; c[0][2]= 't'; c[1][0]= '\0';
c[1][1]= '\0'; c[1][2]= '\0';
```

同样也可以按行给二维字符数组初始化。

例如：

```
char c[2][3]={{ 'p', 'a', 't'}, {'a', 'n', 'n'} };
```

等价于

```
char c[2][3];c[0][0]= 'p'; c[0][1]= 'a'; c[0][2]= 't'; c[1][0]= 'a';
c[1][1]= 'n'; c[1][2]= 'n';
```

也可以给部分元素初始化。

例如：

```
char c[2][3]={{ 'p' }, {'a', 'n' };
```

等价于

```
char c[2][3];c[0][0]= 'p'; c[0][1]= '\0'; c[0][2]= '\0'; c[1][0]=
'a'; c[1][1]= 'n'; c[1][2]= '\0';
```

C语言允许用字符串的方式对字符数组作初始化赋值。

例如：

```
char c[2][4]={{"pat"}, {"ann"} };
```

等价于

```
char c[2][3];c[0][0]= 'p'; c[0][1]= 'a'; c[0][2]= 't'; c[0][3]= '\0';c[1]
[0]= 'a'; c[1][1]= 'n'; c[1][2]= 'n'; c[1][3]= '\0';
```

或去掉 {} 写为 char c[][]={"pat", "ann" };

也可以给部分元素初始化。

例如：

```
char c[2][4]={"p", "an"};
```

3. 字符数组的输入 / 输出

（1）用 %c 格式输入 / 输出字符数组。

【例 5-11】 输入一个学生的姓名（拼音），并输出。

算法分析如下。

定义一个长度为 100 的一维字符数组 a[100]，用来存放学生的姓名。从键盘输入一串字符（姓名），按 Enter 键结束后，数据进入缓存区，程序从缓存区中读取回车符之前的数据。

定义一个字符变量 temp 用来存放从缓存区中读取的字符，定义一个整型变量 i 作为数组 a 的元素下标。用 scanf( ) 函数从缓存区中读取数据赋值给 temp，并重复进行相同的运算，即当 temp!='\n' 时，就把 temp 赋值给当前的数组元素，然后进行 i++，再读取一个字符，进行判断，直到 temp 的值为回车符。

循环出来后，i 的值就是实际的字符串的个数。

然后用 for 循环输出每个字符。

程序代码如下。

```c
#include <stdio.h>
main()
{
  int i,j;
  char temp,a[100];
  printf(" 请输入学生的姓名（拼音）");
  i=0;
  scanf("%c",&temp);
  while(temp!='\n')
  {
    a[i]=temp;
    i++;
    scanf("%c",&temp);
  }
  printf(" 输出学生的姓名为：\n");
  for(j=0;j<i;j++)
    printf("%c",a[j]);
}
```

程序运行结果如图 5-14 所示。

图 5-14　例 5-11 的运行结果

这个问题同样可以用 putchar( ) 函数实现。请自行修改程序。

用 %c 格式输入 / 输出字符数组时必须采用循环结构，使程序比较烦琐。C 语言提供 %s 格式，可以把字符数组作为整体输入 / 输出。

（2）用 %s 格式输入 / 输出字符数组。

改写例 5-11 的程序如下。

```c
#include <stdio.h>
main()
{
  int i,j;
  char a[100];
  printf(" 请输入学生的姓名（拼音）");
  i=0;
```

```
    scanf("%s",a);
    printf(" 输出学生的姓名为：\n");
    printf("%s",a);
}
```

在 scanf( ) 函数中用 %s 的格式说明输入字符串时，从键盘输入字符串，按 Enter 键结束，回车符前的字符（包括回车）就存储在缓存区中，系统从缓存区读取字符时，当遇到第一个空格符、第一个跳格符或第一个回车符，都认为字符串输入结束。例如，从键盘输入 xiao wang 并回车后，字符数组 a 中的字符串是 "xiao"，而不是 "xiao wang"。

在 printf 中用 %s 的格式说明输出字符数组或字符串时，遇到第一个 "\0" 就结束。

（3）用 gets、puts 函数输入输出字符数组。C 语言提供了丰富的字符串处理函数，用于输入 / 输出的字符串函数原型包含在头文件 stdio.h。

① 字符串输出函数 puts。

格式：

```
puts ( 字符数组名 )
```

功能：把字符数组中字符串结束符 '\0' 之前的字符输出到显示器。即在屏幕上显示该字符串。

【例 5-12】 puts( ) 函数示例。

```
#include "stdio.h"
main()
{
    char c[]="c\nVC++";
    puts(c);
}
```

程序运行结果如下。

```
c
VC++
```

注意：puts(c) 与 printf("%s\n",c) 完全等价（含 \n），输出时，遇到第一个 "\0" 就结束。

② 字符串输入函数 gets。

格式：

```
gets ( 字符数组名 )
```

功能：从标准输入设备——键盘上输入一个字符串。

参数：从键盘输入的字符串存放在参数对应的字符数组中。

【例 5-13】 gets( ) 函数示例。

程序代码如下。

126

```
#include "stdio.h"
main()
{
  char st[15];
  printf("input string:\n");
  gets(st);
  puts(st);
}
```

程序运行结果如图 5-15 所示。

图 5-15 例 5-13 的运行结果

可以看出当输入的字符串中含有空格时，输出包括空格之后的字符。因为 gets( ) 函数的功能是：当从键盘输入一串字符，按 Enter 键后，数据进入缓存区中。gets( ) 函数读取回车前的所有字符（包括空格符、跳格符）存储到字符数组中，不以空格和跳格键作为字符串输入结束的标志，而只以回车作为输入结束。这与 scanf( ) 函数是不同的。

4. 字符串处理函数

C 语言提供了丰富的字符串处理函数，可分为字符串的输入、输出、合并、修改、比较、转换、复制、搜索等几类。使用这些函数可大大减轻编程的负担。输入 / 输出的字符串函数，包含在头文件 stdio.h，其他字符串函数则包含在头文件 string.h。

下面介绍其中与学生成绩管理系统有关的两个函数。

（1）字符串比较函数 strcmp。

格式：

```
strcmp( 字符数组 1 名 , 字符数组 2 名 )
```

功能：按照 ASCII 码顺序比较两个数组中的字符串，并由函数返回值返回比较结果。

如果字符串 1＝ 字符串 2，返回值 ＝0；

如果字符串 1＞ 字符串 2，返回值 ＞0；

如果字符串 1＜ 字符串 2，返回值 ＜0。

参数：可以是两个字符串常量，两个字符数组名或字符数组名和字符串常量。

返回值：整数。

【例 5-14】 strcmp( ) 函数示例。

程序代码如下。

```
#include <string.h>
main()
{
  int k;
```

```
static char st1[15],st2[]="C Language";
printf("Input a string:\n");
gets(st1);
k=strcmp(st1,st2);
if(k==0)
  printf("st1=st2\n");
if(k>0)
  printf("st1>st2\n");
if(k<0)
  printf("st1<st2\n");
}
```

（2）字符串复制函数 strcpy。

格式：

strcpy（字符数组 1 名，字符数组 2 名）

功能：把字符数组 2 中的字符串复制到字符数组 1 中。串结束标志"\0"也一同复制。相当于把一个字符串赋值给一个字符数组。

参数：字符数组 2 也可以是一个字符串常量。

【例 5-15】 复制字符串。

程序代码如下。

```
#include "string.h"
main()
{
  char st1[15],st2[]="C Language";
  strcpy(st1,st2);
  puts(st1);
  printf("\n");
}
```

本函数要求字符数组 1 应有足够的长度，要大于复制字符串的长度，否则不能全部装入所复制的字符串。

5.2 模块实现：用数组实现学生成绩管理系统

前面介绍了学生成绩管理系统界面设计、重复选择系统主菜单的实现等功能。在本任务中，要用数组完成系统的录入学生成绩、显示学生成绩、查询学生成绩、修改学生成绩、添加学生成绩、删除学生成绩、排序学生成绩功能。

假设学生成绩管理系统的每个记录包括学号、姓名、数学成绩、英语成绩、物理成绩。设计程序，实现上述功能。要求控制程序流程，程序必须先执行"录入学生成绩"命令，然后执行"显示学生成绩""查询学生成绩"等命令。

1. 算法分析

参照任务4设计的菜单，选择菜单选项的程序段可设计成如下形式。

```
...
choose=getch();
while(choose>'7'||choose<'0')
{
  printf(" 请在 0~7 中选择 \n");
  choose=getch();
}
switch(choose)
{
  case '1':
  {
    //实现录入学生成绩功能
    break;
  }
case '2':
{
  //实现显示学生成绩功能
  break;
}
case '3':
{
  //实现查询学生成绩功能
  break;
}
case '4':
{
  //实现修改学生成绩功能
  break;
}
case '5':
{
  //实现添加学生记录功能
  break;
}
case '6':
{
  //实现删除学生记录功能
  break;
}
case '7':
{
  //实现排序学生成绩功能
```

```
      break;
  }
  case '0' :
  {
      printf("确实要退出系统吗？\n");
      break;
  }
}
...
```

2. 数据设计

本项目假定学生最多为 100 名，学号位数不得超过 20 位，姓名不超过 30 位，涉及的变量有存放菜单选项的变量 choose；存放是否继续应答的变量 yesorno；用二维字符数组 number[100][20] 存放所有学生的学号，其中 number[0] 是存放第一个学生学号的数组名，number[1] 是存放第二个学生学号的数组名，等等；用二维字符数组 name[100][30] 存放所有学生的姓名，其中 name [0] 是存放第一个学生姓名的数组名，name [1] 是存放第二个学生姓名的数组名，等等；分别用三个一维 float 类型数组 scor_eng[100]、scor_math[100]、scor_phy[100] 分别存放所有学生的英语成绩、数学成绩、物理成绩；用整型变量 xueshengnumber 存放实际存入的学生数；再定义三个 float 类型变量 tempenglish、tempmaths、tempphysics 存放当前输入的英语成绩、数学成绩、物理成绩；定义两个字符类型数组 tempname[30]、tempnumber[20] 存放当前输入的姓名和学号。

3. 实现录入学生成绩功能

功能：从键盘录入若干学生的学号、姓名、英语成绩、数学成绩、物理成绩，保存到相应的数组中，直到学号或姓名是"#"为止。

具体过程如下。

（1）设置 xueshengnumber=0。

（2）输入一个学生的姓名、学号、英语成绩、数学成绩、物理成绩到 tempname[30]、tempnumber[20]、tempenglish、tempmaths、tempphysics。

（3）判断 tempname[0]!='#' && tempnumber[0]!='#'（即输入的姓名或学号中的第一个字符不是"#"），当判断结果为真时，把 tempname[30]、tempnumber[20]、tempenglish、tempmaths、tempphysics 中的数据存储到 name[xueshengnumber]、number[xueshengnumber]、scor_eng[xueshengnumber]、scor_math[xueshengnumber]、scor_phy[xueshengnumber] 中，执行"xueshengnumber++;"，再输入一个学生的姓名、学号、英语成绩、数学成绩、物理成绩到 tempname[30]、tempnumber[20]、tempenglish、tempmaths、tempphysics 中，直到 tempname[0] 或 tempnumber[0] 为"#"时循环结束。

其中在第②步中，为了防止直接按 Enter 键或输入非数值数据等误操作，增强程序的健壮性，将输入数据赋值给 tempname[30]、tempnumber[20]、tempenglish、tempmaths、tempphysics 时，采用循环语句输入。

相应的流程图如图 5-16 所示。

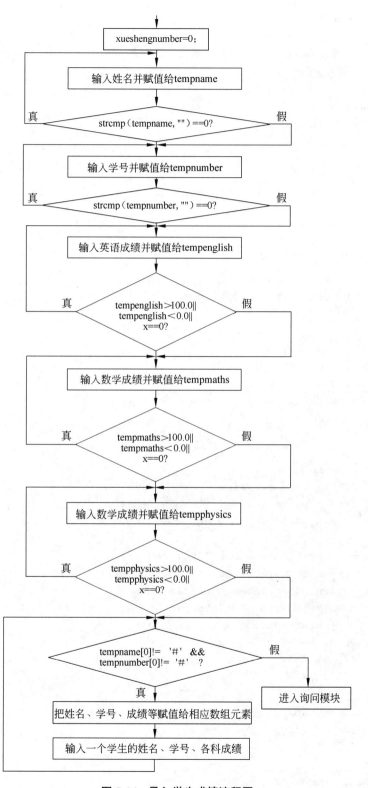

图 5-16　录入学生成绩流程图

程序代码如下。

```
printf(" 请输入第 %d 个记录 :\n",xueshengnumber+1);
printf(" 姓名 ( 用 # 结束 ):\n");
do
  gets(tempname);
while(strcmp(tempname,"")==0);
printf(" 学号 ( 用 # 结束 ):\n");
do
  gets(tempnumber);
while(strcmp(tempnumber,"")==0);
printf(" 英语成绩 :\n");
do
{
  fflush(stdin);
  x=scanf("%f",&tempenglish);
} while(tempenglish>100.0 || tempenglish<0.0 || x==0);
printf(" 数学成绩 :\n");
do
{
  fflush(stdin);
  x=scanf("%f",&tempmaths);
} while(tempmaths>100.0 || tempmaths<0.0 || x==0);
printf(" 物理成绩 :\n");
do
{
  fflush(stdin);
  x=scanf("%f",&tempphysics);
} while(tempphysics>100.0 || tempphysics<0.0 || x==0);
while(tempname[0]!=' #' && tempnumber[0]!=' #')
{
  strcpy(name[xueshengnumber],tempname);
  strcpy(number[xueshengnumber],tempnumber);
  scor_eng[xueshengnumber]=tempenglish;
  scor_math[xueshengnumber]=tempmaths;
  scor_phy[xueshengnumber]=tempphysics;
  xueshengnumber++;
  printf(" 请输入第 %d 个记录 :\n",xueshengnumber+1);
  printf(" 姓名 ( 用 # 结束 ):\n");
  do
    gets(tempname);
  while(strcmp(tempname,"")==0);
  printf(" 学号 ( 用 # 结束 ):\n");
  do
    gets(tempnumber);
```

```
while(strcmp(tempnumber,"")==0);
printf(" 英语成绩 :\n");
do
{
  fflush(stdin);
  x=scanf("%f",&tempenglish);
} while(tempenglish>100.0 || tempenglish<0.0 || x==0);
printf(" 数学成绩 :\n");
do
{
  fflush(stdin);
  x=scanf("%f",&tempmaths);
} while(tempmaths>100.0 || tempmaths<0.0 || x==0);
printf(" 物理成绩 :\n");
do
{
  fflush(stdin);
  x=scanf("%f",&tempphysics);
} while(tempphysics>100.0 || tempphysics<0.0 || x==0);
}
```

程序运行结果如图 5-17 所示。

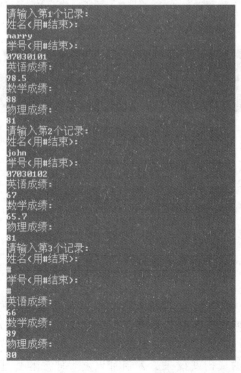

图 5-17 录入学生成绩模块的运行结果

133

4. 实现显示学生成绩功能

算法分析如下。

这个模块功能简单。如果 xueshengnumber==0，则说明没有输入记录，显示"请先录入学生成绩，再显示学生成绩"，否则用 for 循环显示学生的姓名、学号、成绩等。

程序代码如下。

```
if(xueshengnumber==0)
  printf(" 请先录入学生成绩，再显示学生成绩 \n");
else
{
printf(" 显示所有学生成绩 \n");
printf(" 姓名          学号         英语成绩          数学成绩          物理成绩 \n");
for(i=0;i<xueshengnumber;i++)
  {
  printf("%-19s",name[i]);
  printf("%-19s",number[i]);
  printf("%-13f",scor_eng[i]);
  printf("%-13f",scor_math[i]);
  printf("%-13f",scor_phy[i]);
  printf("\n");
  }
}
```

程序运行结果如图 5-18 所示。

图 5-18 显示学生成绩模块的运行结果

其他模块不再讲述，可以参见相关程序代码。

 程序与人生

关 于 守 序

通过本任务的学习，同学们在老师的带领下，完成了一维数组的定义、赋值以及输出等知识的学习。

程序语言中之所以出现数组，究其原因，无外乎是人们需要处理的数据当中有太多的同类型同属性数据，而这些数据因其共同的特征值可按一定的顺序处理，因而才产生了批量数据处理，极大地提升了数据处理效率。

通过分析一维数组的成因及效果，人们可以发现守序和处理效率提升是成正比关系的。推而广之，人们同样可以发现另外一件事，那就是在现实生活中，守序和效率提升同样是成正比的关系，守序是效率的基础。在国际经贸往来中是否守序，更是决定着业务能否成交及合作是否顺利。有时，守序带来的不仅仅是时间成本的节约，甚至可能是生命的保全。例如，在"9·11"恐怖袭击中，危险迫在眉睫，没有专职人员疏导，但人们沿着摩天大楼的消防楼梯有条不紊地撤退，结果数万人的生命得救。守序，既保障他人的安全，也保障自己的安全。

守序，孕育着和谐。"大道之行也，天下为公。选贤与能，讲信修睦，故人不独亲其亲，不独子其子，使老有所终，壮有所用，幼有所长，鳏寡孤独废疾者，皆有所养。"古人所描绘的大同世界是一个秩序井然的理想社会。而我们今天正在努力构建的和谐社会既是一个充满活力的社会，也是一个安定有序的社会。守序，正是社会和谐的基础和前提，也是我们每个人安居乐业的保障。只有每一个人都成为社会稳定、社会和谐的建设者、推动者和维护者，和谐城市、和谐家园才能真正成为人人共享的美好现实。作为一名新时代的大学生，更应该以身作则，成为一名守序模范。

习　题

一、判断题

1. 数组元素代表内存中的一个存储单元。数组元素能像普通变量一样使用，只不过数组元素用下标形式表示。(　　)

2. 在以下定义中，数组 a 的长度和数组 b 的长度相等。(　　)

```
char a[ ] = "123456789";
char b[ ] = { '1', '2', '3', '4', '5', '6', '7', '8', '9' };
```

3. char a[3][10] 可以看成 3 个一维字符数组 a[0]、a[1]、a[2]，并且 a[0]、a[1]、a[2] 是数组名，而不是数组元素。(　　)

4. "int a[2][3] = {{1,2},{3,4},{10,90}};"能够对二维数组 a 进行初始化。(　　)

二、选择题

1. 以下叙述中错误的是(　　)。

　　A. 对于 double 类型数组，不可以直接用数组名对数组进行整体输入或输出

　　B. 数组名代表的是数组所占存储区的首地址，其值不可改变

　　C. 当程序执行时，数组元素的下标超出所定义的下标范围时，系统将给出"下标越界"的出错信息

　　D. 可以通过赋初值的方式确定数组元素的个数

2. 以下能正确定义一维数组的选项是(　　)。

　　A. int a[5]={0,1,2,3,4,5};　　　　　　B. char a[ ]={0,1,2,3,4,5};

　　C. char a={'A', 'B', 'C'};　　　　　　D. int a[5]="0123";

3. 以下 x 数组定义中错误的是(　　)。

A. int x[][3]={0};   B. int x[2][3]={{1,2},{3,4}{5,6}};

C. int x[][3]={{1,2,3},{4,5,6}};   D. int x[2][3] ={1,2,3,4,5,6};

4. 下列程序的输出结果是（   ）。

```
main()
{
  int i,t[][3]={9,8,7,6,5,4,3,2,1};
  for(i=0;i<3;i++)
    printf("%d",t[2-i][i]);
}
```

A. 753   B. 357   C. 369   D. 751

5. 若有定义语句：int a[2][8] ; 按在内存中的存放顺序，a 数组的第 10 个元素是

（   ）。

A. a[1][1]   B. a[1][3]   C. a[0][3]   D. a[1][4]

三、填空题

1. 设有定义语句"int a[][3]={{0},{1},{2}};"，则数组元素 a[1][2] 的值为_____。

2. 以下程序的输出结果是_____。

```
main()
{
    int a[][3]={{1,2,9}{3,4,8}{5,6,7}} , i , s=0 ;
     for(i=0;i<3;i++)
       s+=a[i][i]+a[i][3-i-1];
     printf("%d\n" , s) ;
}
```

四、编程题

1. 输入一个 4×6 的二维数组，然后输出该数组。

2. 输入 6 个实数，用冒泡排序法降序排序并输出。

3. 输入一个 4×6 的整型二维数组，求数组中的最大值、最小值及平均值。

4. 打印一个杨辉三角形。

```
1
1 1
1 2 1
1 3 3 1
1 4 6 4 1
1 5 10 10 5 1
```

5. 利用字符串处理函数，输入一个非空字符串，然后复制这个字符串，最后输出两个字符串。

任务6 用函数改善学生成绩管理系统

 学习情境

在任务5中利用数组类型实现了学生成绩管理系统的各个菜单功能模块，所有的功能模块都是在主函数中实现的，这使整个程序冗长，可读性差。本任务采用模块化程序设计思想，利用函数实现各菜单功能模块，使整个程序设计更加简单、直观，提高程序可读性和代码的重用性，实现功能如图6-1所示。

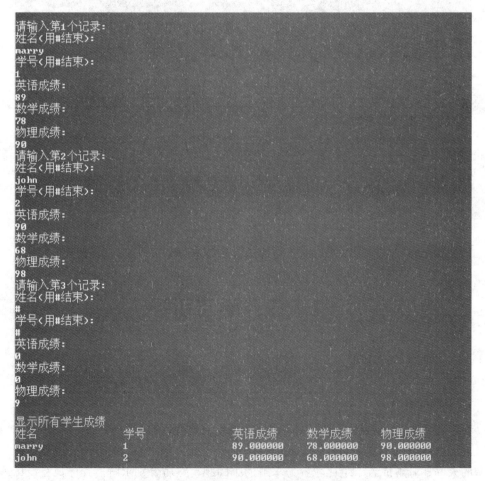

图6-1 用函数改善学生成绩管理系统功能

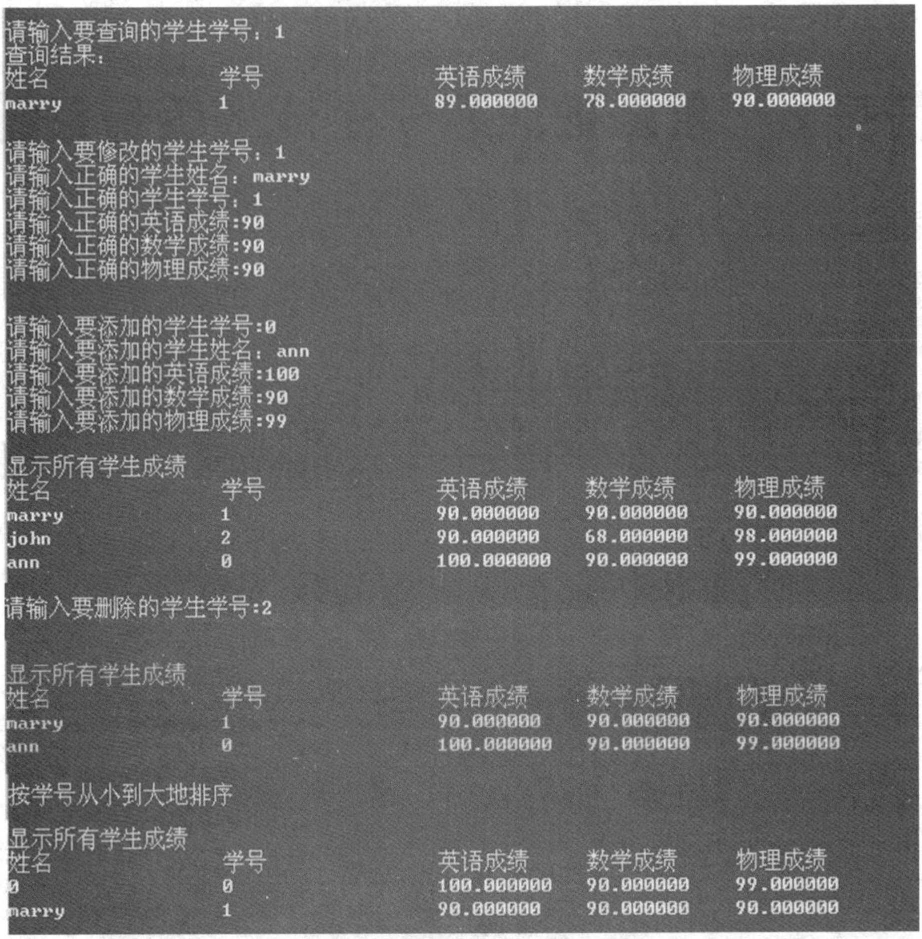

图 6-1（续）

在利用函数设计、编写模块前，首先学习函数部分的语法。

6.1 任务学习引导

6.1.1 函数的概述

1. 函数的概念

在学习 C 语言函数概念前，先了解什么是模块化程序设计方法。

人们在求解一个复杂问题时，通常采用逐步分解、分而治之的方法，也就是把一个复杂的大问题分解成若干个比较容易求解的小问题，然后分别求解。程序员在设计一个复杂的应用程序时，往往也是把整个程序划分成若干功能较为单一的程序模块，然后分别实现，最后把所有的功能模块组合在一起，这种策略就称为模块化程序设计方法。

在 C 语言中，函数是程序的基本组成单位，因此可以很方便地把函数作为程序设计的模块来实现 C 语言程序。

函数的定义和调用

利用函数，不仅可以实现程序的模块化，使程序设计简单、直观，提高了程序的编写效率、易读性、可维护性，而且可以减少编写程序时的重复劳动。例如，如果在同一程序中多处需要使用同一功能，这时不需要编写相同的代码，只要根据需要多次调用同一个程序模块。

在 C 语言中，每个功能模块可以用一个函数实现。

2. C 函数的分类

在 C 语言中可以从不同的角度对函数进行分类。

（1）从函数定义的角度看，函数可分为库函数和用户自定义函数两种。

库函数由 C 语言提供，用户无须定义，也不必在程序中作类型说明，只要在程序头部包含该函数原型的头文件，就可以在程序中直接调用。标准函数库包括常用数学库、标准 I/O 库、DOS 专用库等。例如，在主函数中调用 printf( ) 函数，printf( ) 函数原型包含在 stdio.h 头文件中，因此在程序中调用如下。

```
#include <stdio.h>
main()
{
  ...
  printf("%d",a);
  ...
}
```

用户自定义函数是由用户根据特定需要编写的函数。对于用户自定义函数，不仅要在程序中定义函数本身，而且要在调用这个函数的函数中对被调用的函数进行类型说明，然后才能使用。

（2）从调用关系看，函数分为主调函数和被调函数两种。

主调函数：调用其他函数的函数。

被调函数：被其他函数调用的函数。

（3）从函数返回值角度看，函数分为有返回值函数和无返回值函数两种。

有返回值函数：此类函数被调用执行完后将向调用函数返回一个执行结果，称为函数返回值，如 getchar( ) 函数、abs( ) 函数等。

无返回值函数：此类函数用于完成某项特定的处理任务，执行完成后不向调用者返回函数值。这类函数类似于其他语言的过程，如 exit( ) 函数、outport( ) 函数等。

（4）从主调函数和被调函数之间数据传送的角度看又可以分为无参函数和有参函数两种。

无参函数：函数定义、函数说明及函数调用中均不带参数。主调函数和被调函数之间不进行参数传送。

有参函数：也称带参函数。在函数定义及函数说明时都有参数，称为形式参数（简称为形参）。在函数调用时也必须给出参数，称为实际参数（简称实参）。进行函数调用时，主调函数将把实参的值传送给形参，供被调函数使用。

C语言规定，每个C程序必须包含并且只能包含一个main()函数，不论main()函数在程序的什么位置，程序总是从main()函数开始执行。当main()函数结束时，程序结束。它可以调用其他函数，而不允许被其他函数调用。

6.1.2　函数定义的一般形式

C语言虽然有丰富的库函数，但这些函数不能满足用户的所有需求，因此大量的函数必须要用户自己来编写，下面介绍如何在程序中定义函数。

函数定义的一般形式如下。

```
类型标识符  函数名([形式参数1，形式参数2,...])
{
    声明部分
    语句
}
```

函数定义说明如下。

（1）函数名命名遵循标识符命名规则，但不能与该函数中其他标识符重名，也不能与本程序中其他函数名相同。

（2）形式参数可以有，也可以没有，当函数没有形式参数时，函数名后的一对括号不能省略。形式参数简称形参，可以是变量、数组等，但不能是常量。定义函数后，形参没有具体的值，只有当其他函数调用该函数时，各形参才会得到具体的值，形参只是一个形式上的参数。每个形参的类型必须单独定义，即使形参的类型相同，也不能合在一起定义，并且中间用逗号隔开。

例如，下面的形参是合法的。

```
max(int a,int b)
{
  ...
}
```

而这个形参是不合法的。

```
max(int a, b)
{
  ...
}
```

（3）类型名指的是函数值的数据类型，如果调用函数后需要函数值，则在函数体中用 return 语句将函数值返回，并且在函数首部的最前面给出该函数值的类型；如果不需要得到函数值，那么在函数体中不出现 return 语句，在函数首部的最前面将函数值的类型定义为 void。

（4）在函数体内用到的变量，除形参外必须在函数体内的声明部分进行定义，定义之后再使用，形参不必在函数的声明部分进行定义，但可以和函数体内定义的变量一样在语句部分使用。自定义函数的函数体编写方法与主函数类似。

【例 6-1】 无形参的函数示例：输出"Hello,world"。

程序代码如下。

```
void hello()
{
  printf ("Hello,world \n");
}
```

以上函数没有形式参数，但函数名后的一对括号是不能省略的，并且调用这个函数的函数不需要得到函数值，所以在程序体中没有 return 语句，函数的类型是 void。

【例 6-2】 有形参的函数示例：求两个实数中较大的数。

程序代码如下。

```
float max(float a, float b)
{
  float m;
  if (a>b)
    m=a;
  else
    m=b;
  return m;
}
```

以上函数有两个形式参数，但即使这两个形参类型相同，也要分别定义；这个函数的功能是求出两个实数中较大的数，调用这个函数的函数需要得到函数值，即两个数中的较大数，所以在程序体中有 return 语句，函数的类型就是返回的函数值 m 的类型，因此函数的类型是 float；在自定义函数体内使用的变量，要在函数体的声明部分进行定义；形参不用在声明部分定义，但是也可以在函数体内使用。

6.1.3 函数的调用

1. 函数调用的一般形式

程序中是通过对函数的调用来执行被调函数的，程序中定义了自定义函数后，在调用函数中如何能够使用（调用）自定义函数呢？

C 语言中，函数调用的一般形式如下。

```
函数名 ( 实际参数 1，实际参数 2，...);
```

调用说明如下。

① 实际参数简称实参。对无参函数调用时没有实际参数。

② 实际参数表中的参数个数要与函数定义中形参的个数相同、类型一致、顺序一致，实际参数可以是常数，变量或表达式。各实参之间用逗号分隔。

③ 对于有返回值的函数来说，调用形式可以是表达式中的一项，也可以是函数的一个实参。例如，对于例 6-2 中自定义的函数 max，调用方法如下。

```
b=a*max(m,n);
printf("%d",max(x,y)+9);
```

④ 如果调用的函数为 void 类型，函数只能用语句形式调用。例如，例 5-1 中自定义的函数 hello，调用方法如下。

```
hello();
```

在 C 语言中，可以用以下几种方式调用函数。

（1）函数表达式：函数作为表达式中的一项出现在表达式中，以函数返回值参与表达式的运算。这种方式要求函数是有返回值的。

例如，z=max(x,y) 是一个赋值表达式，把 max 函数的返回值赋予变量 z。

（2）语句：函数调用的一般形式加上分号即构成函数语句。

例如，以下都是以函数语句的方式调用函数。

```
printf ("%d",a);
scanf ("%d",&b);
```

（3）函数值作为实参：函数作为另一个函数调用的实际参数出现。这种情况是把该函数的返回值作为实参进行传送，因此要求该函数必须有返回值。

例如，下面语句就是把调用 max 函数的返回值又作为 printf 函数的实参来使用的。

```
printf("%d",max(x,y));
```

【例 6-3】 调用函数求 n 的平方根和 $n!$。

算法分析如下。

自定义求 $n!$ 的函数 fact。

在主函数中，输入一个整数赋值给 n；利用系统库函数 sqrt 求出 n 的平方根；调用 fact 函数求出 $n!$；输出 n 的平方根和 $n!$。

程序代码如下。

```
#include <stdio.h>
#include <math.h>
int fact(int n)
```

```
{
  int i,f=1;
  for(i=1;i<=n;i++) f=f*i;
  return f;
}
main()
{
  int n,m;
  scanf("%d",&n);
  printf("%d的平方根是：%f\n",n,sqrt(n));
  m=fact(n);
  printf("%d的阶乘是：%d\n",n,m);
}
```

程序运行结果如图 6-2 所示。

```
3
3的平方根是：1.732051
3的阶乘是：6
```

图 6-2　例 6-3 的运行结果

上面这个程序涉及两个函数：一个是库函数 sqrt( )，另一个是用户自定义函数 fact( )。对于 sqrt( ) 函数，当需要时，只要在程序的头部包含 sqrt( ) 函数所在的头文件 math.h，然后在调用函数中直接调用即可；而对于用户自定义函数 fact( )，使用时首先要在程序中定义这个函数，然后在调用它的函数中调用。并且这两个函数都有函数返回值，所以在调用函数中以实参、表达式形式出现，请读者注意。

2. 函数调用过程

调用其他函数的函数称为主调函数，被调用的函数称为被调函数。那么主调函数是如何调用被调函数呢？

当在主调函数中执行到函数调用语句时，如果有实参，首先求解出各个实参的值，然后将每个实参值对应地传递给形参，之后程序流程转到被调函数，就开始执行被调函数。当被调函数执行到 return 语句或函数体结束标志“}”时，返回到主调函数的调用位置或调用位置后面的一条语句继续执行。

因此在例 6-3 中，当在主调函数 [main( ) 函数] 中执行到函数调用语句“m=fact(n);”时，开始调用自定义函数 fact( )，首先计算实参的值，然后把实参的值赋值给形参，之后开始执行被调函数。当执行到 return 语句时，返回到主调函数的调用位置并把函数值返回给函数调用表达式，所以这时表达式 fact(3) 的值是 6，然后流程转移到这条语句，执行 m=6。执行完这条语句后，接着执行下一条语句。

【例 6-4】 编写函数 printstar( )，然后调用函数输出 5 个“*”。

程序代码如下。

```
#include <stdio.h>
```

```
void printstar()
{
  printf("*****");
}
main()
{
  printstar();
  printf("\n");
}
```

在例 6-4 中，当在主调函数中执行到函数调用语句"printstar( );"时，因为没有实参，流程就直接转到被调函数，开始执行被调函数，当执行到函数体结束标志"}"时，返回到主调函数的调用位置的下一条语句，即从"printf("\n");"开始执行。

3. 对被调函数的声明

C 语言程序可以由多个函数构成，那么在代码中这些函数间定义的前后顺序有没有要求呢？通常，当被调函数的定义在前，主调函数定义在后时，C 语言要求只要定义被调函数，在主调函数中调用被调函数即可，但是有时我们希望各函数编码顺序按照其执行的顺序，C 语言可以通过对被调函数声明来做到这一点。

因此，在程序中当被调函数的定义位置在主调函数的后面时，在主调函数中调用被调函数之前应对被调函数进行声明。哪个函数对被调函数做了声明，哪个函数就可以调用被调函数，没有做声明的函数就不能调用被调函数；也可以在源文件开头，即一般在预处理命令之后对被调函数进行声明，这样声明后，就不必在每个函数中声明，程序中所有函数都可以直接调用这个被调函数。

对被调函数声明的一般形式如下。

类型说明符 被调函数名 (类型 形参，类型 形参...);

或

类型说明符 被调函数名 (类型，类型...);

括号内给出了形参的类型和形参名，或只给出形参类型，便于编译系统进行检错，以防止可能出现的错误。

从例 6-4 的程序中看到被调函数可以定义在主调函数的前面，这时不用对被调函数进行声明。但如果把被调函数的位置放在主调函数的后面，写成如下形式，那么在编译阶段，系统会报错"'printstar' : undeclared identifier"。

```
#include <stdio.h>
main()
{
  printstar();
  printf("\n");
```

```
}
void printstar()
{
  printf("*****");
}
```

但这时如果在主调函数中变量声明位置对函数进行声明。编译时就不会报错了，也可以在源文件开头对函数进行声明。

```
#include <stdio.h>
main()
{
  void printstar();
  printstar();
  printf("\n");
}
void printstar()
{
  printf("*****");
}
```

如下形式 C 语言也是允许的。

```
#include <stdio.h>
void printstar();
main()
{
  printstar();
  printf("\n");
}
void printstar()
{
  printf("*****");
}
```

C 语言中规定以下几种情况可以省去主调函数中对被调函数的函数声明。

（1）如果被调函数的返回值是整型或字符型时，可以不对被调函数作说明，而直接调用。

（2）当被调函数的函数定义出现在主调函数之前时，在主调函数中也可以不对被调函数再作声明而直接调用。

（3）如果在所有函数定义之前，在函数外预先声明了各个函数，则在以后的各主调函数中，可以不再对被调函数作声明。

（4）对库函数的调用不需要再作说明，但必须把该函数的头文件用 include 命令包含在源文件前部。

6.1.4 函数参数与函数返回值

1. 形式参数与实际参数

前面已经介绍过，函数的参数分为形式参数（简称形参）和实际参数（简称实参）两种。本小节中进一步介绍形参与实参的特点和两者的关系。

（1）形参和实参的功能是数据传递。当形参是变量时，发生函数调用时，主调函数把实参的值传送给被调函数的形参。编译时系统不为形参分配存储单元，在程序运行过程中发生函数调用时，才动态地为形参分配存储单元，并接受实参传递的值，函数调用结束后，形参占用的存储单元将被自动释放。形参在整个被调函数体内都可以使用，离开该函数则不能使用。实参出现在主调函数中，进入被调函数后，实参变量不能使用。

（2）当形参是变量时，实参和形参各有各的存储单元，因此在被调函数中改变形参变量的值时，实参的值不随形参的变化而变化。因此当形参是变量时，参数间的数据传递是值传递，是单向的。

【例 6-5】阅读下面的程序，用函数实现交换两个整数 x、y 的值，并输出。

程序代码如下。

```c
#include <stdio.h>
void swap(int a,int b)
{
  int temp;
  temp=a;
  a=b;
  b=temp;
  printf("在自定义函数体中，a 的值为：%d, b 的值为：%d, \n",a,b);
}
main()
{
  int x,y;
  printf("请输入两个整数给变量 x、y\n");
  scanf("%d%d",&x,&y);
  printf("在主函数体中，交换之前 x 的值为：%d,y 的值为：%d\n",x,y);
  swap(x,y);
  printf("在主函数体中，交换之后 x 的值为：%d,y 的值为：%d\n",x,y);
}
```

程序运行结果如图 6-3 所示。

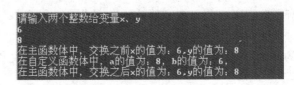

图 6-3 例 6-5 的运行结果

本程序中，函数 swap 的功能是交换两个数，在主函数中调用了 swap 函数后，为什么输入的值没有交换呢？

这是因为，当形参是变量时，实参和形参各有各的存储单元，参数间的数据传递是单向的。因此在被调函数中改变形参变量 a、b 的值时，实参 x、y 的值没有变化，但在被调函数中变量 a、b 的值进行了交换。

（3）C 语言允许实参和形参同名，但即使同名，被调函数中改变形参变量的值时，实参的值不随形参的变化而变化。

例如，修改例 6-5 的程序如下。

```c
#include <stdio.h>
void swap(int x,int y)
{
  int temp;
  temp=x;
  x=y;
  y=temp;
  printf(" 在自定义函数体中，x 的值为%d，y 的值为%d，\n",x,y);
}
main()
{
  int x,y;
  printf(" 请输入两个整数给变量 x、y\n");
  scanf("%d%d",&x,&y);
  printf(" 在主函数体中，交换之前 x 的值为%d,y 的值为%d\n",x,y);
  swap(x,y);
  printf(" 在主函数体中，交换之后 x 的值为%d,y 的值为%d\n",x,y);
}
```

程序运行结果如图 6-4 所示。

图 6-4　修改例 6-5 的运算结果

（4）在进行参数值传递时，实参可以是常量、变量、表达式或数组元素等，而形参只能是变量。

2. 函数的返回值

函数的返回值也称函数值，是指函数被调用后，执行函数体中的程序段所取得的并返回给主调函数的值。如调用库函数平方根函数 sqrt(4)，函数会返回一个返回值 2；调用例 6-3 中的自定义函数 fact(3)，函数会返回一个返回值 6。对函数返回值有以下一些说明。

（1）函数值只能通过 return 语句返回主调函数。

return 语句的一般形式如下。

```
return ( 表达式 );
```

其中的 "( )" 可以省略，即

```
return 表达式 ;
```

功能：计算表达式的值，并返回给主调函数。

在函数中允许有多个 return 语句，但每次调用只能有一个 return 语句被执行，因此只能返回一个函数值。例如：

```
if(a>b) return a;
else return b;
```

参数：表达式可以是任何合法的 C 表达式。

（2）函数返回值的类型和函数定义中函数的类型应保持一致。如果两者不一致，则以函数类型为准，自动进行类型转换。

（3）如函数值为整型，在函数定义时可以省去类型说明。

（4）没有返回值的函数，可以明确定义为"空类型"，类型说明符为 void。一旦函数被定义为空类型后，就不能在主调函数中作为表达式或参数调用了。

6.1.5　函数的嵌套调用

C 语言允许在被调函数中又调用其他函数。这种调用方式称为函数的嵌套调用。

【例 6-6】　计算 $s=2^2!+3^3!+\cdots+10^{10}!$

算法分析如下。

程序从 main( ) 函数开始执行，因此从主函数开始设计。定义一个 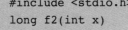 输入与输出语句 long 类型的变量 sum 作为累加器，初值为 0。用 for 循环来计算累加和，循环变量 i 的初值为 2，终止值为 10，增量为 1，循环体是 sum=sum+i!。

需要求出 $i!$，设计一个函数 f1，参数为一个整型变量 x，功能是求 $x^x!$。在这个函数中，定义一个 long 类型的变量 f，初值为 1，用来存放阶乘值。用 for 循环来实现，循环变量 i 的初值为 1，增量为 1，循环体是 f=f*i。关键是计算出循环变量 i 的终止值 x^x。

因此，我们设计一个函数 f2，参数为一个整型变量 x，功能是求 x*x。在这个函数中，定义一个 long 类型的变量 m，初值为 1，用来存放乘积。用 for 循环来实现，循环变量 i 的初值为 1，终止值为 x，增量为 1，循环体是 m=m*x。

程序代码如下。

```
#include <stdio.h>
long f2(int x)
```

```
{
  int i;
  long m=1;
  for(i=1;i<=x;i++)
    m=m*x;
  return m;
}
long f1(int x)
{
  int n,i;
  long f=1;
  n=f2(x);
  for(i=1;i<=n;i++)
    f=f*i;
  return f;
}
main()
{
  int i;
  long sum=0;
  for(i=2;i<=4;i++)
    sum=sum+f1(i);
  printf("(2^2)!+(3^3)!+…+(10^10)! 的值为: %d\n",sum);
}
```

程序运行结果如图 6-5 所示。

(2^2)!+(3^3)!+ ……+(10^10)!的值为: 1484783640

图 6-5　例 6-6 的运行结果

在这个程序中，main( ) 函数调用了 f1( ) 函数，在执行 f1( ) 函数时，又调用了 f2( ) 函数。

6.1.6　数组作为函数的实参

6.1.4 小节介绍了变量作为形参时数据传递的特点和过程，本小节接着介绍数组作为函数的实参是怎样进行数据传递的。数组可以作为函数的参数使用。数组用作函数参数有两种形式：一种是把数组元素作为实参使用，另一种是把数组名作为函数的形参和实参使用。

数组作为参数传递

（1）数组元素作函数实参。在任务 5 中我们知道了数组元素也是变量，与普通变量没有区别。因此它作为函数实参使用与普通变量作为实参时是完全相同的，在发生函数调用时，把作为实参的数组元素的值传送给形参，实现单向的值传送。例 6-7 说明了这种情况。

【例 6-7】 判别一个整型数组中各元素的值，若大于 0 则输出 1，若小于或等于 0
则输出 0。

程序代码如下。

```
#include <stdio.h>
void f(int v)
{
  if(v>0)
    printf("1");
  else
    printf("0 ");
}
main()
{
  int a[5],i;
  printf(" 请输入 5 个整数 \n");
  for(i=0;i<5;i++)
  {
    scanf("%d",&a[i]);
    f(a[i]);
  }
}
```

（2）数组名作为函数参数。数组名也可以作为函数的实参，数组名代表数组在内存
中的首地址，函数调用时实参和形参应个数相同，类型一致，因此当数组名作实参时，
对应的形参类型只能是数组或指针。同时把数组名作参数的数据传递方式称为地址传递。

数组名作参数是把实参地址的首地址传递给形参，使形参和实参指向相同的内存空
间，从而主调函数和被调函数对同一地址上的数据进行操作。

① 一维数组名作为实参。当一维数组名作为实参时，对应的函数调用语句如下。

函数名 (数组名 1, 数组名 2,...);

被调函数的定义形式如下。

函数名 (类型名 数组名 1[ ], 类型名 数组名 2[ ],...);

或

函数名 (类型名 数组名 1 [数组长度], 类型名 数组名 2 [数组长度],...);

例如，在主调函数中：

int a[10]
max(a);   //函数调用语句

被调函数的定义形式如下。

```
类型名 max(int a[])
```

或

```
类型名 max(int a[10])
```

【例 6-8】 调用冒泡法排序函数对数组进行排序。

算法分析如下。

程序从 main( ) 函数开始执行，因此从主函数开始设计。定义一个 int 类型的数组 a[10]，用 for 循环给数组赋初值，然后调用冒泡法排序函数给数组排序，最后输出数组。

而要调用冒泡法排序函数给数组排序，则应设计一个函数 sort( )，参数为一个整型数组 b[10]，功能是利用冒泡法排序参数对应的数组。冒泡排序法算法已经在数组一章中介绍，这里不再重复。

程序代码如下。

```
#include <stdio.h>
main()
{
  int i,a[10];
  void sort(int b[10]);
  printf("请输入 10 个任意的整数: \n");
  for(i=0;i<=9;i++)
    scanf("%d",&a[i]);
  sort(a);
  printf("这 10 个数升序排序为: \n");
  for(i=0;i<10;i++)
    printf("%3d",a[i]);
}
void sort(int b[10])
{
  int i,j,t;
  for(i=0;i<9;i++)
    for(j=0;j<9-i;j++)
      if(b[j]>b[j+1])
      {
        t=b[j];
        b[j]=b[j+1];
        b[j+1]=t;
      }
}
```

程序运行结果如图 6-6 所示。

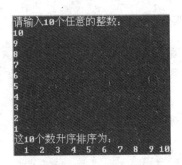

图 6-6　例 6-8 的运行结果

为什么在主调函数中并没有改变数组 a 的值，可是输出 a 时数组元素的顺序却发生了变化呢？这是因为数组名作参数是把实参地址的首地址传递给形参，使形参和实参指向相同的内存空间，从而主调函数和被调函数对同一地址上的数据进行操作。所以当执行到函数调用语句时，数组 a 的首地址传递给形参 b，使形参和实参指向相同的内存空间，如图 6-7 所示，从而对数组 b 的元素重新排序，实际上也是对数组 a 的元素进行排序。当被调函数执行完成，返回主调函数，虽然数组 b 释放掉了，但数组 a 中元素顺序已经发生了改变。

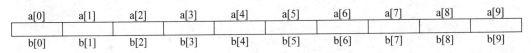

图 6-7　形参和实参为数组时共享存储空间

② 二维数组名作为实参。二维数组名与一维数组名一样是地址值，所以当二维数组名作为实参时，对应的形参也应该是二维数组或指针变量。

同样，二维数组名作参数是把实参地址的首地址传递给形参，使形参和实参指向相同的内存空间，从而主调函数和被调函数对同一地址上的数据进行操作。

【例 6-9】 调用函数输出 4 个人的姓名。

算法分析如下。

程序从 main( ) 函数开始执行，因此从主函数开始设计。定义一个 char 类型的二维数组 name[4][100]，用来存放 4 个姓名，每个姓名的最大长度要小于 100。用 for 循环给二维数组赋值，然后调用 print 函数输出 4 个姓名。

定义 print( ) 函数，参数为一个 char 类型的二维数组 b[4][100]，功能是输出二维字符数组。

程序代码如下。

```c
#include <stdio.h>
main()
{
  char i,name[4][100];
  void print(char b[4][100]);
  printf("请输入 4 个姓名：\n");
```

```
    for(i=0;i<=3;i++)
      gets(name[i]);
    printf("调用函数输出 4 个姓名:\n");
    print(name);
}
void print(char b[4][100])
{
  int i;
  for(i=0;i<4;i++)
    puts(b[i]);
}
```

程序运行结果如图 6-8 所示。

图 6-8 例 6-9 的运行结果

从例 6-9 中可以看到,二维数组名 name 作参数,就是把实参的首地址传递给形参 b,使形参和实参指向相同的内存空间,从而主调函数和被调函数对同一地址上的数据进行操作。

6.1.7 内部变量与外部变量

到目前为止,所学的变量都是定义在函数体内,在一个函数内部起作用,这样的变量称为内部变量,又称局部变量。还有一种变量在函数外部定义,它不属于哪一个函数,它属于一个源程序文件,这样的变量称为外部变量也称全局变量。

内部变量与
外部变量

(1)内部变量。变量有效性的范围称变量的作用域。C 语言中所有的量都有自己的作用域。变量定义的方式不同,其作用域也不同。内部变量是在函数体内或复合语句内定义的。其作用域仅限于本函数,离开该函数后再使用这种变量是非法的。

例如:

```
int f1(int a)         /*函数 f1()*/
{
  int b,c;
  …

}
```

```
int f2(int x)            /*函数f2()*/
{
  int y,z;
  …
}
main()
{
  int m,n;
  …
}
```

在函数 f1( ) 内定义了三个变量，a 为形参，b、c 为一般变量。在 f1 的范围内 a、b、c 有效，或者说 a、b、c 变量的作用域限于函数 f1( ) 内，离开函数 f1( ) 后再使用这些变量是非法的。同理，x、y、z 的作用域限于函数 f2( ) 内。m、n 的作用域限于 main( ) 函数内。关于局部变量的作用域还要说明以下几点。

① 主函数中定义的变量也只能在主函数中使用，不能在其他函数中使用。同时，主函数中也不能使用其他函数中定义的变量。因为主函数也是一个函数，它与其他函数是平行关系。这一点是与其他语言不同的，应予以注意。

② 形参变量是属于被调函数的局部变量，实参变量是属于主调函数的局部变量。

③ 允许在不同的函数中使用相同的变量名，它们代表不同的对象，分配不同的单元，互不干扰，也不会发生混淆。

④ 在复合语句中也可定义变量，其作用域只在复合语句范围内。

例如：

```
main()
{
  int s,a;
  …
  {
    int b;
    s=a+b;
    …
  }  /*b 的作用域 */
}  /*s、a 的作用域 */
```

【例 6-10】 内部变量示例。

程序代码如下。

```
#include <stdio.h>
main()
{
  int i=8,j=9,k;
  k=i+j;
```

```
    {
      int k=2;
      printf("复合语句内 k 值为: %d\n",k);
    }
    printf("main 函数内 k 值为 %d\n",k);
}
```

程序运行结果如图 6-9 所示。

图 6-9　例 6-10 的运行结果

本程序在主函数 main( ) 中定义了 i、j、k 三个变量。而在复合语句内又定义了一个变量 k，并赋初值为 2。应该注意这两个 k 不是同一个变量，分配两个不同的存储空间。在复合语句外，main( ) 定义的 k 起作用，而在复合语句内，则在复合语句内定义的 k 起作用。因此，main( ) 所定义 k，其值应为 17。复合语句内定义的 k 在复合语句中起作用，其初值为 2，在复合语句中输出的是复合语句中的 k，因此在复合语句中输出值为 2，而复合语句后的输出是在 main( ) 函数中的输出，这时的 k 应该是主函数中定义的 k，因此输出是 17。

（2）外部变量。外部变量也称为全局变量，是在函数外部定义的变量。外部变量不属于某一个函数，而属于一个源程序文件，其作用域是整个源程序。根据 C 语言的标准，外部变量虽然只能在某个文件中定义一次，但其作用域则是从其声明处开始一直到其所在的被编译的文件的末尾。因此其他文件可以通过 extern 说明来访问。在函数中使用全局变量，一般应作全局变量说明，只有在函数内经过说明的全局变量才能使用。全局变量的说明符为 extern。但在一个函数之前定义的全局变量，在该函数内使用可不再加以说明。

【例 6-11】 阅读程序，内部变量与外部变量同名示例。

```
#include <stdio.h>
int a=3,b=5;      /*a、b 为外部变量 */
max(int a,int b)
{
  int c;
  c=a>b?a:b;
  return(c);
}
main()
{
  int a=8,b=3;
  printf("两数中的较大数为: %d\n",max(a,b));
}
```

程序运行结果如图 6-10 所示。

两数中的较大数为：8

图 6-10　例 6-11 的运行结果

如果在一个源文件中，外部变量与内部变量同名，则在内部变量的作用范围内，外部变量被"屏蔽"，即它不起作用。因此例 6-11 中，外部变量 a 与主函数中的内部变量 a 同名，这时在内部变量 a 的作用范围内，a 的值是 8，而不是 3。

从可读性角度看，使用内部变量更容易阅读，使用外部变量容易疏忽，并且使用不当易导致外部变量的值意外改变，因此，一般不提倡使用外部变量。

可根据下面两条原则选择变量。

① 当变量值在某函数或复合语句内使用时，可以定义成内部变量。

② 当多个函数都引用同一个变量时，在这些函数上面定义外部变量。

6.2　模块实现：用函数改善学生成绩管理系统

之前用数组实现了学生成绩管理系统的所有功能。在本任务中，采用模块化设计思想，改善系统，提高程序编写的效率、易读性、可维护性。

学生成绩管理系统的每个记录包括学号、姓名、数学成绩、英语成绩、物理成绩。设计程序，实现学生成绩管理系统的功能。要求控制程序流程，使程序必须先执行"录入学生成绩"命令，然后执行"显示学生成绩""查询学生成绩"等命令。

1. 算法分析

（1）采用模块化程序设计的思想，按照"自顶向下，逐步细化"的原则设计，对任务 5 的程序框架进行改善，可设计成如下形式。

```
...
//调用 printmenu 函数显示主菜单
choose=getch();
while(choose>'7'||choose<'0')
{
  printf(" 请在 0~7 中选择 \n");
  choose=getch();
}
switch(choose)
{
  case '1':
  {
    //调用 mycreat 函数实现录入学生成绩功能
    break;
```

```
    }
    case '2':
    {
        //调用myshow函数实现显示学生成绩功能
        break;
    }
    case '3':
    {
        //调用myselect函数实现查询学生成绩功能
        break;
    }
    case '4':
    {
        //调用mymodify函数实现修改学生成绩功能
        break;
    }
    case '5':
    {
        //调用myadd函数实现添加学生记录功能
        break;
    }
    case '6':
    {
        //调用mydelete函数实现删除学生记录功能
        break;
    }
    case '7':
    {
        //调用mysort函数实现排序学生成绩功能
        break;
    }
    case '0':
    {
        printf("确实要退出系统吗？\n");
        break;
    }
    }
    ...
```

然后设计各模块的算法，这是逐步细化的过程。

（2）printmenu函数。

功能：显示主菜单。

参数：无。

（3）mycreat 函数。

功能：录入学生成绩。每输入一条记录就保存在相应的数组中，记录数增 1。

参　数：int xueshengnumber、char name[100][30]、char number[100][20]、float scor_eng[100]、float scor_math[100]、float scor_phy[100]。

（4）myshow 函数。

功能：显示学生成绩，输出数组中所有的记录。

参　数：int xueshengnumber、char name[100][30]、char number[100][20]、float scor_eng[100]、float scor_math[100]、float scor_phy[100]。

（5）myselect 函数。

功能：查询学生成绩，用户输入要查询的学生学号，在数组中查询如果没有该学号，给予提示，否则显示该条记录。

参　数：int xueshengnumber、char name[100][30]、char number[100][20]、float scor_eng[100]、float scor_math[100]、float scor_phy[100]。

（6）mymodify 函数。

功能：修改学生成绩，用户输入要修改的学生学号，在数组中查询如果没有该学号，给予提示，否则继续提示让用户输入正确的信息并保存到数组中。

参　数：int xueshengnumber、char name[100][30]、char number[100][20]、float scor_eng[100]、float scor_math[100]、float scor_phy[100]。

（7）myadd 函数。

功能：添加学生成绩，添加记录，同时记录数增 1。

参　数：int xueshengnumber、char name[100][30]、char number[100][20]、float scor_eng[100]、float scor_math[100]、float scor_phy[100]。

（8）mydelete 函数。

功能：删除学生成绩，删除记录，同时记录数减 1。

参　数：int xueshengnumber、char name[100][30]、char number[100][20]、float scor_eng[100]、float scor_math[100]、float scor_phy[100]。

（9）mysort 函数。

功能：排序学生成绩，使记录以学号为关键字升序排序。

参　数：int xueshengnumber、char name[100][30]、char number[100][20]、float scor_eng[100]、float scor_math[100]、float scor_phy[100]。

2. 数据设计

本项目假定学生数目最多 100 个，学号位数不得超过 20 位，姓名不超过 30 位，涉及的变量有存放菜单选项的变量 choose；存放是否继续应答的变量 yesorno；用二维字符数组 number[100][20] 存放所有学生的学号，其中 number[0] 是存放第一个学生的学号的数组名，number[1] 是存放第二个学生学号的数组名，等等；用二维字符数组 name[100][30] 存放所有学生的姓名，其中 name [0] 是存放第一个学生姓名的数组名，name [1] 是存放第二个学生姓名数组名，等等；分别用 3 个一维 float 类型数组 scor_ eng[100]、scor_math[100]、scor_phy[100] 存放所有学生的英语成绩、数学成绩、物理成绩；用整型变量 xueshengnumber 存放实际存入的学生数目；再定义 3 个 float 类型变量 tempenglish、tempmaths、tempphysics 存放当前输入的英语成绩、数学成绩、物理成绩；定义两个字符类型数组 tempname[30]、tempnumber[20] 存放当前输入的姓名和学号。

3. 流程图设计

相应的流程图如图 6-11~ 图 6-17 所示。

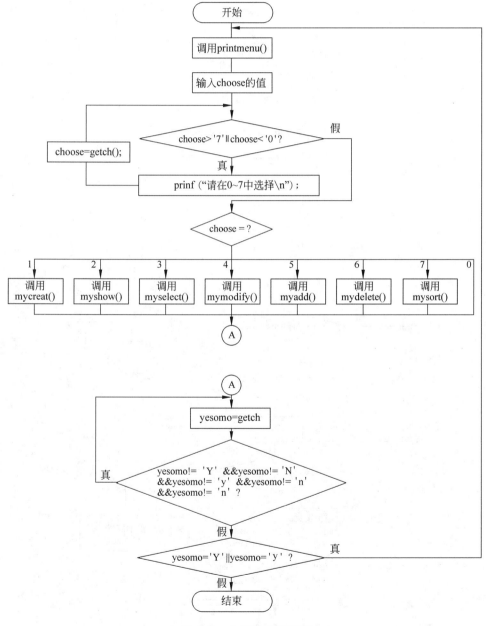

图 6-11   主函数的流程图

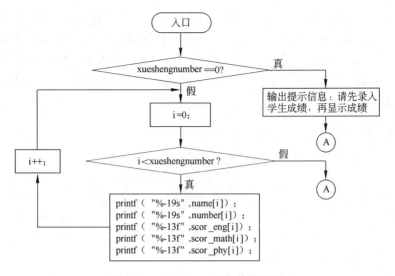

图 6-12　myshow( ) 函数的流程图

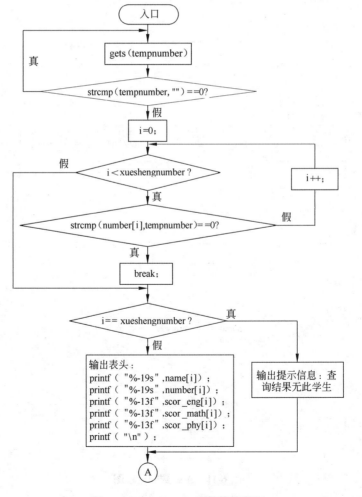

图 6-13　myselect( ) 函数的流程图

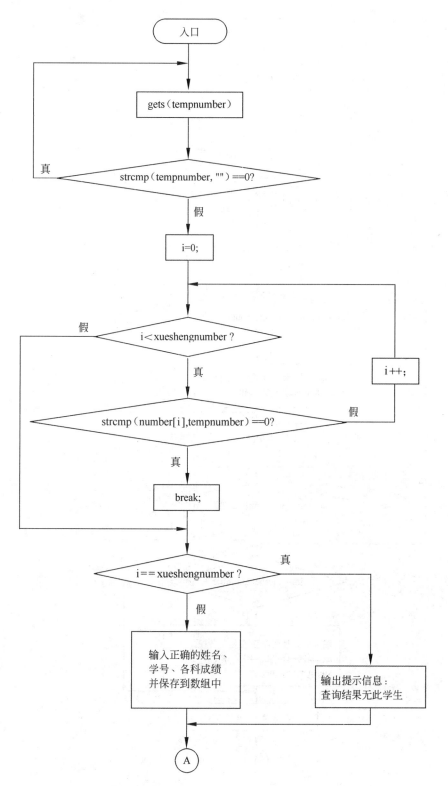

图 6-14　mymodify( ) 函数的流程图

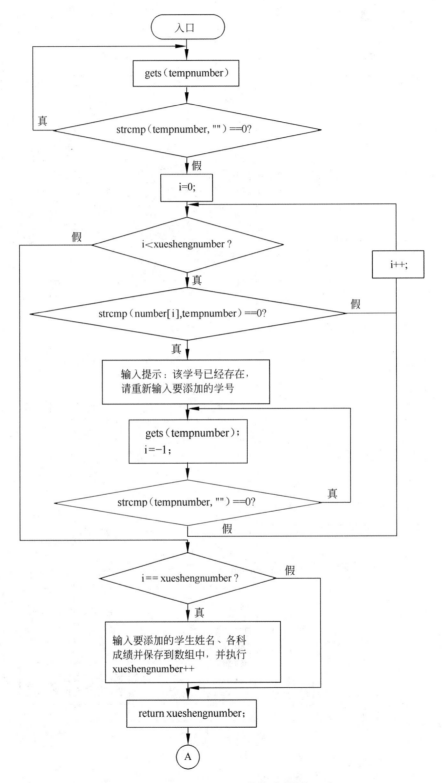

图 6-15　myadd( ) 函数的流程图

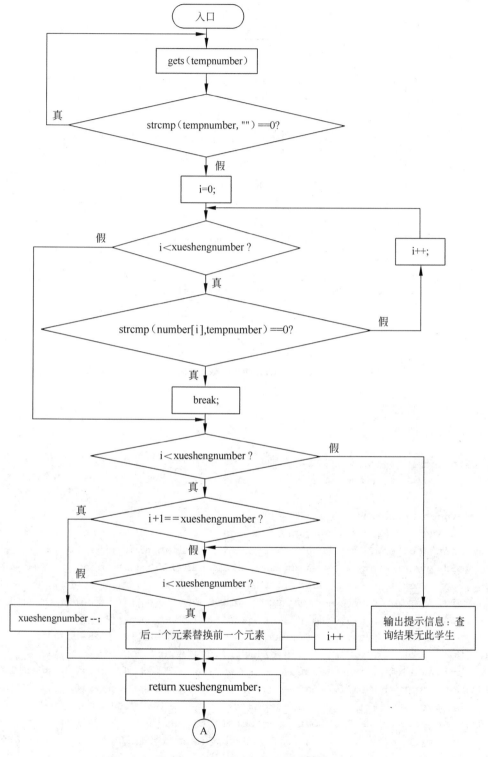

图 6-16 mydelete( ) 函数的流程图

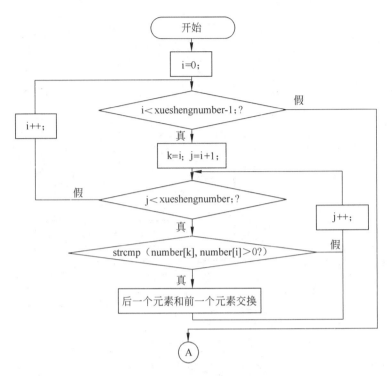

图 6-17   mysort( ) 函数的流程图

4. 对应的程序代码

（1）主函数代码。

```
#include <stdio.h>
#include <string.h>
#include <conio.h>
void printmenu();
int mycreat(int xueshengnumber,char name[100][30],char number[100]
[20],float scor_eng[100], float scor_math[100],float scor_phy[100]);
    void myshow(int xueshengnumber,char name[100][30],char number[100]
[20],float scor_eng[100], float scor_math[100],float scor_phy[100]);
    void myselect(int xueshengnumber,char name[100][30],char number[100]
[20],float scor_eng[100], float scor_math[100],float scor_phy[100]);
    void mymodify(int xueshengnumber,char name[100][30],char number[100]
[20],float scor_eng[100], float scor_math[100],float scor_phy[100]);
    int myadd(int xueshengnumber,char name[100][30],char number[100]
[20],float scor_eng[100], float scor_math[100],float scor_phy[100]);
    int mydelete(int xueshengnumber,char name[100][30],char number[100]
[20],float scor_eng[100], float scor_math[100],float scor_phy[100]);
    void mysort(int xueshengnumber,char name[100][30],char number[100]
[20],float scor_eng[100], float scor_math[100],float scor_phy[100]);
```

```
main()
{
  char choose,yesorno;
  char name[100][30],number[100][20];
  float scor_eng[100],scor_math[100],scor_phy[100];
  int xueshengnumber=0;
  do
  {
    printmenu();
    choose=getch();
    while(choose>'7'||choose<'0')
    {
      printf("请在0~7中选择\n");
      choose=getch();
    }
    switch(choose)
    {
      case '1':
      {
        xueshengnumber=mycreat(xueshengnumber,name,number,scor_eng,scor_
math,scor_phy);
        break;
      }
      case '2':
      {
        myshow(xueshengnumber,name,number,scor_eng,scor_math,scor_phy);
        break;
      }
      case '3':
      {
        myselect(xueshengnumber,name,number,scor_eng,scor_math,scor_phy);
        break;
      }
      case '4':
      {
        mymodify(xueshengnumber,name,number,scor_eng,scor_math,scor_phy);
        break;
      }
      case '5':
      {
        xueshengnumber=myadd(xueshengnumber,name,number,scor_eng,scor_
        math,scor_phy);
        break;
      }
```

```
        case '6':
        {
         xueshengnumber=mydelete(xueshengnumber,name,number,scor_eng,
scor_math,scor_phy);
           break;
        }
        case '7':
        {
          mysort(xueshengnumber,name,number,scor_eng,scor_math,scor_phy);
          break;
        }
        case '0':
        {
          printf("确实要退出系统吗？");
          break;
        }
      }
      printf("\n要继续选择吗（Y/N）\n");
      do
        yesorno=getch();
      while(yesorno!='Y'&&yesorno!='N'&&yesorno!='y'&&yesorno!='n');
   }while(yesorno=='Y'||yesorno=='y');
}
```

（2）printmenu( ) 函数代码。

```
void printmenu()
{
  printf("|--------------------------------|\n");
  printf("| 学生成绩管理系统，请选择数字进行相应操作 |\n");
  printf("|1：录入学生成绩(包括姓名、学号、英语、数学、物理)，输入完成按 "#" 结束 |\n");
  printf("|2：显示学生成绩；                              |\n");
  printf("|3：查询学生成绩；                              |\n");
  printf("|4：修改学生成绩；                              |\n");
  printf("|5：添加学生记录；                              |\n");
  printf("|6：删除学生记录；                              |\n");
  printf("|7：排序学生成绩；                              |\n");
  printf("|0：退出该系统；                               |\n");
  printf("|--------------------------------\n");
}
```

（3）mycreat( ) 函数代码。

```
  int mycreat(int xueshengnumber,char name[100][30],char number[100]
[20],float scor_eng[100],float scor_math[100],float scor_phy[100] )
  {
```

```
char tempname[100],tempnumber[100];
float tempenglish,tempmaths,tempphysics;
int x;
printf("请输入第%d个记录:\n",xueshengnumber+1);
printf("姓名(用#结束):\n");
do
  gets(tempname);
while(strcmp(tempname,"")==0);
printf("学号(用#结束):\n");
do
  gets(tempnumber);
while(strcmp(tempnumber,"")==0);
printf("英语成绩:\n");
do
{
  fflush(stdin)
  x=scanf("%f",&tempenglish);
} while(tempenglish>100.0 || tempenglish<0.0 || x==0);
printf("数学成绩:\n");
do
{
  fflush(stdin);
  x=scanf("%f",&tempmaths);
} while(tempmaths>100.0 || tempmaths<0.0 || x==0);
printf("物理成绩:\n");
do
{
  fflush(stdin);
  x=scanf("%f",&tempphysics);
} while(tempphysics>100.0 || tempphysics<0.0 || x==0);
while(tempname[0]!='#' && tempnumber[0]!='#')
{
  strcpy(name[xueshengnumber],tempname);
  strcpy(number[xueshengnumber],tempnumber);
  scor_eng[xueshengnumber]=tempenglish;
  scor_math[xueshengnumber]=tempmaths;
  scor_phy[xueshengnumber]=tempphysics;
  xueshengnumber++;
  printf("请输入第%d个记录:\n",xueshengnumber+1);
  printf("姓名(用#结束):\n");
  do
    gets(tempname);
  while(strcmp(tempname,"")==0);
  printf("学号(用#结束):\n");
  do
```

```
      gets(tempnumber);
    while(strcmp(tempnumber,"")==0);
    printf(" 英语成绩 :\n");
    do
    {
      fflush(stdin);
      x=scanf("%f",&tempenglish);
    } while(tempenglish>100.0 || tempenglish<0.0 || x==0);
    printf(" 数学成绩 :\n");
    do
    {
      fflush(stdin);
      x=scanf("%f",&tempmaths);
    } while(tempmaths>100.0 || tempmaths<0.0 || x==0);
    printf(" 物理成绩 :\n");
    do
    {
      fflush(stdin);
      x=scanf("%f",&tempphysics);
    } while(tempphysics>100.0 || tempphysics<0.0 || x==0);
  }
  return (xueshengnumber);
}
```

（4）显示学生成绩函数代码。

```
    void myshow(int xueshengnumber,char name[100][30],char number[100]
[20],float scor_eng[100],float scor_math[100],float scor_phy[100] ){
    int i;
      if(xueshengnumber==0) printf(" 请先录入学生成绩，再显示学生成绩 \n");
            else{
              printf(" 显示所有学生成绩 \n");
              printf(" 姓名      学号     英语成绩     数学成绩     物理成绩 \n");
              for(i=0;i<xueshengnumber;i++){
                      printf("%-19s",name[i]);
                      printf("%-19s",number[i]);
                      printf("%-13f",scor_eng[i]);
                      printf("%-13f",scor_math[i]);
                      printf("%-13f",scor_phy[i]);
                      printf("\n");}
            }
  }
```

（5）查询学生成绩函数代码。

```
    void myselect(int xueshengnumber,char name[100][30],char number[100]
[20],float scor_eng[100],float scor_math[100],float scor_phy[100]){
```

168

```
int i;
char tempnumber[100];
printf( 请输入要查询的学生学号: ");
      do{
              gets(tempnumber);
          }while(strcmp(tempnumber,"")==0);
          for(i=0;i<xueshengnumber;i++){
                  if(strcmp(number[i],tempnumber)==0) break;}
                  if(i==xueshengnumber) printf(" 查询结果无此学生 \n");
              else{
  printf(" 查询结果: \n");
                      printf(" 姓名      学号      英语成绩     数学成绩     物理成绩 \n");
                      printf("%-19s",name[i]);
                          printf("%-19s",number[i]);
                          printf("%-13f",scor_eng[i]);
                          printf("%-13f",scor_math[i]);
                      printf("%-13f",scor_phy[i]);
                      printf("\n");
                  }
          }
```

（6）修改学生成绩函数代码。

```
void mymodify(int xueshengnumber,char name[100][30],char number[100]
[20],float scor_eng[100],float scor_math[100],float scor_phy[100]){
 int i,x;
      char tempnumber[20],tempname[30];
      float tempenglish,tempmaths,tempphysics;
printf(" 请输入要修改的学生学号: ");
      do{
              gets(tempnumber);
          }while(strcmp(tempnumber,"")==0);
                  for(i=0;i<xueshengnumber;i++){
                          if(strcmp(number[i],tempnumber)==0) break;}
                  if(i==xueshengnumber) printf( 没有查询到此学生 \n");
                  else{
  printf(" 请输入正确的学生姓名: ");
                  do{
                          gets(tempname);
                      }while(strcmp(tempname,"")==0);
                  printf(" 请输入正确的学生学号: ");
                  do{
                      gets(tempnumber);
                      }while(strcmp(tempnumber,"")==0);
```

```
                                    printf(" 请输入正确的英语成绩:");
                        do{
                                            fflush(stdin);
                                            x=scanf("%f",&tempenglish);}
while(tempenglish>100.0 || tempenglish<0.0 || x==0);
                        printf(" 请输入正确的数学成绩:");
                        do{
                            scanf("%f",&tempmaths);}   while(tempmaths>100.0
||tempmaths<0.0);
        printf(" 请输入正确的物理成绩:");
                        do{
                            fflush(stdin);
                                            x=scanf("%f",&tempphysics);}
while(tempphysics>100.0 || tempphysics<0.0 || x==0);
                        strcpy(name[i],tempname);
                            strcpy(number[i],tempnumber);
        scor_eng[i]=tempenglish;
                        scor_math[i]=tempmaths;
                                scor_phy[i]=tempphysics;

                    }
        }
```

（7）添加学生成绩函数代码。

```
    int myadd(int xueshengnumber,char name[100][30],char number[100]
[20],float scor_eng
[100],float scor_math[100],float scor_phy[100]){
    int i,x;
        char tempnumber[20],tempname[30];
            float tempenglish,tempmaths,tempphysics;
    printf(" 请输入要添加的学生学号:");
    do{
                gets(tempnumber);
        }while(strcmp(tempnumber,"")==0);
    for(i=0;i<xueshengnumber;i++){
                if(strcmp(number[i],tempnumber)==0){
                        printf(" 该学号已经存在,请重新输入要添加的学号:");
                        do{
                            gets(tempnumber);
                                i=-1;}while(strcmp(tempnumber,"
                                ")==0);}}
                if(i==xueshengnumber){
                printf(" 请输入要添加的学生姓名:");
                do{
                            gets(tempname);
```

```
                                    }while(strcmp(tempname,"")==0);
                                    printf("请输入要添加的英语成绩:");
                do{
                                            fflush(stdin);
                                    x=scanf("%f",&tempenglish);}
    while(tempenglish>100.0 || tempenglish<0.0 ||x==0);
                printf("请输入要添加的数学成绩:");
                do{
                                    fflush(stdin);
                                    x=scanf("%f",&tempmaths);}
    while(tempmaths>100.0 ||
                    tempmaths<0.0 ||x==0);
                printf("请输入要添加的物理成绩:");
                do{
                                    fflush(stdin);
                            x=scanf("%f",&tempphysics);}
    while(tempphysics>100.0 || tempphysics<0.0 ||x==0);
                            strcpy(name[xueshengnumber],tempname);
                        strcpy(number[xueshengnumber],tempnumber);
            scor_eng[xueshengnumber]=tempenglish;
                    scor_math[xueshengnumber]=tempmaths;
                    scor_phy[xueshengnumber]=tempphysics;
                    xueshengnumber++;
                    }
                    return xueshengnumber;
}
```

其他模块在此不再讲述，读者可以参见相关程序代码自行完成。

6.3　自学与拓展

6.3.1　动态存储变量与静态存储变量

前面从变量的作用域（即从空间）角度把变量分为全局变量和局部变量，本小节从变量值存在的时间（即生存期）角度把变量分为静态存储变量和动态存储变量。

静态存储方式是指在程序运行期间分配固定的存储空间的方式；动态存储方式是在程序运行期间根据需要进行动态地分配存储空间的方式。静态存储变量是指在程序运行期间分配固定的存储空间的变量；动态存储变量是在程序运行期间根据需要动态地分配存储空间的变量。

用户存储空间可以分为程序区、静态存储区、动态存储区三个部分。

静态存储区存放以下数据。

① 全局变量。全局变量全部存放在静态存储区。

② 定义为 static 的局部变量。

以静态存储方式存储的变量称为静态存储变量。静态存储变量在程序编译时分配存储单元，并初始化，整个程序运行完毕后才释放。在程序执行过程中，它们占据固定的存储单元，而不会动态地进行分配和释放。

动态存储区存放以下数据。

① 函数形式参数。

② 自动变量（未加 static 声明的局部变量）。

③ 函数调用时的现场保护和返回地址。

以上以动态存储方式存储的变量称为动态存储变量。在函数开始执行时分配动态存储空间，其值在函数执行期间被赋值，函数执行结束时释放这些空间。

事实上，在 C 语言中，每个变量和函数都有数据类型和数据的存储类别两个属性。

1. 动态存储变量

函数中的局部变量，如不声明为 static 存储类别，都是动态地分配存储空间，数据存储在动态存储区中。函数中的形参和在函数中定义的变量（包括在复合语句中定义的变量）都属此类，在调用该函数时系统会给它们分配存储空间，在函数调用结束时就自动释放这些存储空间。这类局部变量称为动态存储变量（自动类变量），用关键字 auto 作存储类别的声明。

例如，例 6-12 中 a 是形参，b、c 是函数 f 中定义的变量，它们都属于动态存储变量。当执行函数 f( ) 时，在动态存储区为 a、b、c 分配存储空间；函数 f( ) 执行结束后，自动释放 a、b、c 所占的存储单元。

```
int f(int a)
{
  auto int b,c=3;
  ...
}
```

其中，如果变量是动态存储变量，定义时关键字 auto 可以省略。

2. 用 static 声明内部静态存储变量

有时希望函数中的内部变量的值在函数调用结束后不消失而保留原值，这时就应该指定局部变量为静态存储变量，用关键字 static 进行声明。

用 static 声明内部静态存储变量在程序开始执行时分配存储区，程序运行完毕后就释放。在程序执行过程中它们占据固定的存储单元，而不动态地进行分配和释放。

【例 6-12】程序代码如下。

```
#include <stdio.h>
int f()
{
```

```
auto int x=2;
static int y=3;
x=x+2;
y=y+2;
return x+y;
}
main()
{
int i,a=0;
for(i=1;i<=2;i++)
{
  a=f();
  printf("%5d",a);
}
}
```

程序运行结果如下。

```
9    11
```

在这个程序中，动态存储变量用 auto 声明，auto 可省略，因此主函数中的 i、a 以及函数 f( ) 中的 x 都是动态存储变量。这些动态存储变量是在调用函数时系统给它们分配存储空间，其值是在该函数执行期间被赋值的，在函数执行结束时就自动释放这些存储空间。例如，i、a 是在运行函数 main( ) 时系统给予分配存储空间。当函数 main( ) 运行结束，就会释放 i、a 的存储空间。同样，动态存储变量 x 是在运行函数 f( ) 时得到存储空间的，当函数 f( ) 运行结束，系统就会收回其占用的内存空间，所以以下次再调用函数 f( ) 时，动态存储变量将重新分配存储空间，而得不到上次的值，而且两次调用中动态变量不一定占用同一个存储单元。

而函数 f( ) 中的变量 y 是静态存储变量。静态存储变量是在程序编译时得到存储空间，同时被初始化的，因此变量 y 是在程序编译时就得到存储空间并初始化为 1 的。y 在整个程序执行过程中一直占用同一个存储单元，程序执行结束时才被释放，所以静态变量一直保留前一次的值。

对静态内部变量的说明如下。

（1）静态外部变量在编译时赋初值，即只赋初值一次，如果函数被多次调用，静态变量将保留前一次的值；而对动态内部变量赋初值是在函数调用时进行，每调用一次函数重新赋一次初值，因此当函数被多次调用，动态变量将不能保留前一次的值。

（2）如果在定义局部变量时不赋初值，对静态内部变量来说，编译时自动赋初值 0（对数值型变量）或空字符（对字符变量）。而对动态内部变量来说，如果不赋初值则它的值是一个不确定的值。

此外，变量的存储类型还包括 register、extern。

6.3.2　文件包含预处理命令

在前面各任务中已多次使用过以"#"号开头的命令行。在 C 语言中，以"#"号开头的命令行都是预处理命令，如包含命令 #include、宏定义命令 #define 等。在源程序中这些命令都放在函数之外，而且一般都放在源文件的前面。所谓预处理是指 C 语言编译系统在对 C 源程序进行编译之前处理的。预处理是 C 语言的一个重要功能，当对一个源文件进行编译时，系统将自动引用预处理程序对源程序中的预处理部分作处理，处理完毕自动进入对源程序的编译。

C 语言提供了多种预处理功能，如宏定义、文件包含、条件编译等。合理地使用预处理功能编写的程序便于阅读、修改、移植和调试，也有利于模块化程序设计。本节只介绍与项目相关的文件包含命令。

文件包含是 C 预处理程序的一个重要功能。

文件包含命令行的一般形式如下。

```
#include " 文件名 "
```

例如：

```
#include "stdio.h"
#include "math.h"
```

文件包含命令功能：把指定的文件插入该命令行位置取代该命令行，从而把指定的文件和当前的源程序文件连成一个源文件。

文件包含命令说明如下。

（1）包含命令中的文件名可以用双引号括起来，也可以用尖括号括起来。

例如，以下写法都是允许的。

```
#include "stdio.h"
#include <math.h>
```

但是这两种形式是有区别的：使用尖括号表示在包含文件目录中去查找（包含目录是由用户在设置环境时设置的），而不在源文件目录查找；使用双引号则表示首先在当前的源文件目录中查找，若未找到才到包含目录中去查找。用户编程时可以根据自己文件所在的目录来选择某一种命令形式。

（2）一个 include 命令只能指定一个被包含文件，若有多个文件要包含，则需用多个 include 命令。

（3）一行只能写一个命令行。

程序与人生

建立自己人生中的各种"函数库"

通过本任务的学习,同学们已经可以为自己的程序建立相关的函数库了。通过学习,同学们也都知道了函数库的本质,即能够独立完成一项任务的程序段,那么,同学们是否考虑过为自己将来的人生建立足够多,足够强大的"函数库"吗?

其实,同学们人生中的"函数库"和我们 C 语言中的函数库的本质是一样的,只不过从"独立完成一项任务的程序段"变为了"独立完成一项任务的技能"。例如:某同学在校期间学会了开车,一两年后,该同学毕业了,找工作时,一个待遇很好的用人单位要求应聘者必须会开车,那么这个同学可以很从容地调出自己的"驾驶函数库"参加应聘,为自己争取到了一次机会。

人们平时总说的"艺不压身"其实就是这个道理。今后的社会是竞争愈来愈激烈的社会,知识更新越来越快,能力要求越来越高,"职场丛林"是我们每一个人都需要直面的。如何在这个适者生存的"职场丛林"中为自己杀出一条血路呢?拥有一颗坚定的心是基础,拥有足够的个人"能力库"是手段。作为一名新时代的大学生,在校期间,就应该开始自己的职场准备了。利用业余时间为自己多建立几个"函数库",可为将来的自己崭露头角做好准备。

机会只留给有准备的人。同学们,为了自己将来能在激烈的职场竞争中获得一片属于自己的天空,从现在开始为自己多准备几个人生的"函数库"吧!

习　题

一、判断题

1. 在 C 语言程序中,可以根据情况将实参和形参起相同的名字,这样可以节省存储单元。(　　)

2. 调用函数时,实参和形参个数必须相同,对应参数的数据类型也必须一致。(　　)

3. 由于函数中可以出现多个 return 语句,所以程序运行后函数可以同时有多个返回值。(　　)

二、选择题

1. 若函数调用时的实参为变量,以下关于函数形参和实参的叙述中正确的是(　　)。

　　A.函数的实参和其对应的形参共占同一存储单元

　　B.形参只是形式上的存在,不占用具体存储单元

C. 同名的实参和形参占同一存储单元

D. 函数的形参和实参分别占用不同的存储单元

2. 下列程序的输出结果是（　　　　）。

```
void sum(int a[ ])
{
    a[0]=a[-1]+a[1];          /* ① */
}
main()
{
    int a[10]={1,2,3,4,5,6,7,8,9, 10};
    sum ( &a[2] );
    printf ( "%d\n",a[2] );
}
```

A. 5　　　　　　　　B. 6　　　　　　　　C. 7　　　　　　　　D. 8

3. 设函数 fun( ) 的定义形式为：void fun(char ch, float x){ … }。在以下函数 fun( ) 的调用语句中，正确的是（　　　　）。

A. fun("abc",3.0);　B. fun('D',16.5);　　C. fun('65',2.8);　　D. fun(32,32);

4. 下列程序的输出结果是（　　　　）。

```
#include<stdio.h>
void fun(int a[],int n)
{
    int  t , i, j ;
    for(i=0; i<n-1; i++)
        for(j=i+1;j<n;j++)
            if(a[i]<a[j])
            {
                t=a[i];
                a[i]=a[j];
                a[j]=t;
            }
}
main()
{
    int c[10]={1,2,3,4,5,6,7,8,9, 0}, i;
    fun ( c+4,6);
    for(i=0;i<10;i++)
        printf("%d",c[i]);
    printf ("\n" );
}
```

A. 1, 2, 3, 4, 5, 6, 7, 8, 9, 0　　　　　　B. 9, 8, 7, 6, 5, 4, 3, 2, 1, 0

C. 0, 1, 2, 3, 4, 5, 6, 7, 8, 9　　　　　　D. 1, 2, 3, 4, 9, 8, 7, 6, 5, 0

5. 已定义函数 fun( )，其返回值是（ ）。

```
int fun(float p)
{
  return p;
}
```

    A. 不确定的值   B. 一个整数

    C. 形参 p 中存放的值   D. 形参 p 的地址

6. 下列程序的输出结果是（ ）。

```
#include <stdio.h>
int a=4;
int f(int n)
{
  int  t =0 ;
  static int a=5;
  if(n%2)
  {
    int a=6;
    t+=a++;
  }
  else
  {
    int a=7;
    t+=a++;
  }
  return t+a++;
}
main()
{
  int s=a, i=0;
  for(; i<2; i++)
    s+=f(i);
  printf("%d\n",s);
}
```

    A. 24   B. 28   C. 32   D. 36

三、填空题

1. 以下程序运行后的输出结果是_____。

```
fun(int a)
{
  int b=0;
```

```
    static int c=3;
    b++; c++;                    /*  ①  */
    return (a+b+c);
}
main()
{
    int  i, a=5;
    for(i=0; i<3; i++)
      printf ("%d  %d  ", i, fun(a) );
    printf ("\n" );
}
```

2. 程序执行后变量 w 中的值是＿＿＿＿＿＿。

```
int fun1( double a ){ return a*=a; }
int fun2(double x, double y)
{
    double a=0,b=0;
    a=fun1( x );
    b=fun1( y );
    return (int)(a+b);
}
main()
{
    double w;
    w=fun2 (1.1,2.0);
    ...
}
```

四、编程题

1. 定义一个符号函数，其功能如下。

$$y=\begin{cases} 1 & (x>0) \\ 0 & (x=0) \\ -1 & (x<0) \end{cases}$$

2. 编制一个计算圆面积的函数，通过函数调用计算 3 个圆的面积之和。

3. 编写程序，包含一个主函数和一个函数 fun( )，函数 fun( ) 的功能是把从主函数中输入的字符串 str2 接在字符串 str1 的后面。例如，str1="How do"，str2="you do?"，输出结果为 "How do you do?"。

4. 请编写函数 fun( )，其功能是计算并输出给定数组（长度为 9）中每两个相邻元素的平均值的平方根之和。

任务7 用结构体优化学生成绩管理系统

 学习情境

前面几个任务讲述的学生成绩管理系统，采用了多个数组来分别表示姓名、学号、成绩等，如 name[100][30]、number[100][20]，但它们之间没直接联系，而事实上当涉及姓名、成绩时，肯定是针对某个学生而言的，即这些信息是每个学生所具备的，那有没有一种办法将这些姓名、学号、成绩等放到一个"变量"里呢？本任务将要介绍的结构体变量就能很好地实现这一想法，使之与现实情况更贴近。

本任务利用结构体来对学生成绩管理系统进行代码优化。

7.1 任务学习引导

结构体类型（structure）是一个构造类型，是将多种类型组合在一起，构造出所需要的类型。

7.1.1 结构体类型与结构体变量

1. 结构体类型的概念与声明

结构体类型是一种较为复杂却非常灵活的构造型数据类型，可以由不同数据类型的数据构成。组成结构体类型的每个数据称为该结构体类型的成员项，简称成员。

结构体操作

例如，一个学生的姓名（name）、学号（number）、成绩（score）等项是属于同一个人的，如表 7-1 所示。如果将 name、number、scor_eng 等分别定义为互相独立的简单变量，那么就难以反映它们之间的内在联系，而且这些数据（如姓名、成绩等）的类型是不相同的。若把这些数据组合起来，定义成一个名为 student1 的结构体变量，这样以后使用起来就方便多了。

表 7-1 学生成绩记录表

number	name	scor_eng	scor_math	scor_phy
0905001	张三	96	100	85

在这里要注意数组与结构体的区别。一个数组中只能存放同一类型的数据，而结构体可以由不同类型（当然也可以相同）的数据构成。

结构体类型声明的一般格式如下。

```
struct 结构体名 {
    数据类型   成员名1;
    数据类型   成员名2;
    ...
    数据类型   成员名n;
};
```

其中，struct是定义结构体类型的关键字。"结构体名"是该结构体的名称，struct和"结构体名"二者组成结构体类型标识符，与标准类型（如int、char等）具有同样的作用，都可以用来定义变量的类型；"成员名"是成员名称，多个相同类型的成员名可以写在一行，之间以逗号分隔，各成员变量类型及名称均要写在一对大括号内，成员名可以和程序中其他变量同名，不同结构体类型中的成员也可以同名；最后，结构体定义要以分号结尾。

依据上面的说明，采用表7-1所示的数据结构，可以建立如下结构体类型。

```
struct student {
    char number[20];        /* 学号 */
    char name[30];          /* 姓名 */
    float scor_eng;         /* 英语成绩 */
    float scor_math;        /* 数学成绩 */
    float scor_phy;         /* 物理成绩 */
};
```

这里，struct student就是一个结构体类型，包括了下面5个成员，之间用分号分开，最后3个变量因其属于同一类型，也可用下面一行表示：

```
float scor_eng, scor_math, scor_phy;
```

注意：结构体类型中的成员类型不仅仅是标准类型，还可以是结构体类型，如在上面struct student类型中加一个birthdate成员。

```
struct date {
    int year, month, day;
};
struct student {
    ...
    struct date birthdate;
};
```

2. 结构体变量的定义

当结构体类型声明以后，就可以像标准类型一样定义变量，即结构体变量。定义方法有三种。

（1）先声明结构体类型，再进行变量定义。定义的一般格式如下。

```
struct 结构体名 结构体变量名;
```

例如：

```
struct student student1, student2;
```

这种方式与标准类型的变量定义形式一样，其中，struct student 就是结构体类型名。与标准类型相似，student1、student2 在定义后就具备了 struct student 类型的结构，系统开始为之分配内存单元。理论上，它们各占 74B（20+30+4+4+4+4×3），如图 7-1 所示。

number		20B
name		30B
scor_eng		4B
scor_math		4B
scor_phy		4B
birthdate	year	4B
	month	4B
	day	4B

图 7-1　结构体变量的内存分配

结构体具体占用多少字节，可用 sizeof 运算符来获得，比如 sizeof(struct student) 可获取 student 结构体变量将占用的字节数。由于考虑到字节对齐，本例实际占用的字节数可能是 76B，和理论上不一定完全一致。

（2）在声明结构体类型的同时定义变量。定义的一般格式如下。

```
struct 结构体名 {
    成员列表
} 变量名列表;
```

例如：

```
struct stduent {
    ...
}s1, s2;
```

这种方式是在定义了 struct student 类型的同时定义了两个该类型的变量 s1、s2。注意如果结构体名省略了，即为匿名结构体类型，只能有变量名表列中的变量，不能再以此结构体类型去定义其他变量。如在上面的定义中省去了 student，那么只有 s1、s2 两个变量。

（3）用 typedef 声明一个新结构体类型，再用新类型定义变量。在 C 语言中，用

typedef 可以声明一种新的数据类型，其格式如下。

```
typefe 类型名 标识符；
```

这里的"类型名"可以为任一种数据类型，但必须在此语句之前就已经定义。"标识符"是用户定义标识符，用作新的类型名，这条语句的作用是用"标识符"来代表已经存在的"类型名"，并非产生新的数据类型，原有的类型名依然有效。

例如，"typedef int NUMBER;"就是将 NUMBER 也定义成 int 类型。

可以这样使用：

```
NUMBER count = 1;        //将 count 定义为 NUMBER 类型，即为整型
```

等价于

```
int count = 1;
```

当用在结构体类型中时，它可以简化程序的书写。例如：

```
typedef struct student {
    char number[20];
    char name[30];
    float scor_eng;
    float scor_math;
    float scor_phy;
}STU;
STU s1, s2;
```

在这种定义方式下，STU 和 struct student 等价，均是结构类型名称，都可以用来定义变量。

7.1.2　结构体变量的初始化与引用

1. 结构体变量的初始化

与一般变量一样，结构体变量在使用之前应该先对之初始化。方法也很类似，即在定义结构体变量的同时为其每个成员赋初值，把各成员的值按顺序放在花括号中，各值之间用逗号隔开。其一般格式如下。

```
struct 结构体名 变量 = { 各成员初值 };
```

例如：

```
struct student s1 = {"0905001", " 张三 ", 100, 90.5, 80};
```

这里的结构体类型 struct student 声明见 7.1.1 小节。

2. 结构体变量的引用

由于结构体类型是由多个数据成员组成，所以对结构体变量的引用分为两种。将其作为一个整体处理和对其中的某个数据成员处理。

（1）作为整体引用。可以将一个结构体变量作为整体赋值给另一个同类型的结构体变量。例如：

```
struct student s1 = {"0905001", "张三", 100, 90.5, 80}, s2;
s2 = s1;
```

执行赋值语句时，会将 s2 中的各个数据成员逐个依次赋给 s1 中相应的数据成员，这样 s2 就和 s1 具有同样的内容。

（2）对数据成员引用。可以用成员运算符"."对数据成员进行引用。其引用方式如下。

结构体变量名 . 成员名

【例 7-1】 已知平面直角坐标系中两点的坐标，计算该两点间的距离。

算法分析如下。

对于平面点的坐标来说，有两个量分别是 x 和 y，为把它们作为一个整体"点"来访问，就需要首先定义点的结构。

对于两点 $A(x_A, y_A)$，$B(x_B, y_B)$，其间距的计算公式如下。

$$S_{AB} = \sqrt{(x_A - x_B)^2 + (y_A - y_B)^2}$$

对应的流程图如图 7-2 所示。

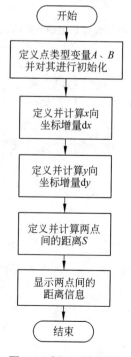

图 7-2　例 7-1 流程图

程序代码如下。

```
#include <stdio.h>
#include <math.h>

struct dot {
    double x;
    double y;
};

void main()
{
    struct dot A={2,5}, B={6,10};                    //定义A、B两点并初始化其坐标
    double dx=A.x-B.x;                               //计算 x_A-x_B
    double dy=A.y-B.y;                               //计算 y_A-y_B
    double s=sqrt(dx*dx+dy*dy);                      //计算两点间的距离
    printf("A(%g,%g)、B(%g,%g)两点间的距离=%g\n",A.x,A.y,B.x,B.y,s);
}
```

程序运行结果如图 7-3 所示。

图 7-3　计算平面直角坐标系中两点间的距离

程序说明：

① 因为要用到数学函数 sqrt( )，所以要包含头文件 math.h。

② printf( ) 显示时，格式说明符 %g 表示在显示浮点数时采取常规或科学计数中最短的方式输出该数据。比如 printf("%g", 0.123) 显示为 0.123，而 printf("%g", 0.0000000123) 则显示为 1.23e-008，printf("%G", 0.0000000123) 显示为 1.23E-008。

7.1.3　结构体数组

1. 结构体数组的定义

数组就是由相同数据类型的变量组成，那么如果由具有相同结构的结构体类型的变量组成的数组则被称为结构体数组。在实际应用中，经常可以用结构体数组来表示具有相同特征的一个群体，例如一个班的学生信息、图书馆的图书信息等。

其定义的一般格式如下。

```
struct 结构体类型 结构体数组名 [ 元素个数 ];
```

例如：

```
struct student s[10];
```

这样就定义了一个结构体数组，包含了 10 个元素 s[0]~s[9]，每个数组元素都是 struct student 类型的结构体形式。与定义结构体变量一样，定义结构体数组也有 3 种不同方式，具体不再一一赘述。

2. 结构体数组的初始化

结构体数组的初始化与数组的初始化一样，例如：

```
struct student {
    char number[20];          /* 学号 */
    char name[30];            /* 姓名 */
    float score;              /* 成绩 */
}s[2] = {{"0905001", "张三", 90}, { "0906010", "李四", 85}};
```

3. 结构体数组的引用

结构体数组的每个元素就相当于一个结构体变量，因此其引用方式与结构体变量的引用方式类似。其引用的一般格式如下。

结构体数组名 [下标]．成员名

例如，s[0].name 表示结构体数组下标为 0 的元素中成员 name 的值，即"张三"。

【例 7-2】 已知多边形各顶点的坐标，如图 7-4 所示，计算多边形面积。

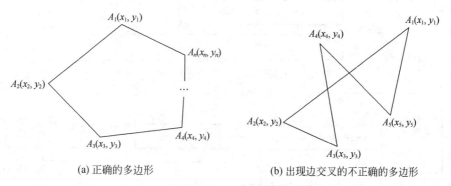

(a) 正确的多边形　　　　　　　　(b) 出现边交叉的不正确的多边形

图 7-4　例 7-2 多边形

算法分析如下。

① 对于多边形面积，其计算公式如下。

$$S = \frac{(x_1y_2 - x_2y_1) + (x_2y_3 - x_3y_2) + \cdots + (x_ny_1 - x_1y_n)}{2}$$

② 若多边形各顶点逆时针排列，则计算的面积是正的；若顺时针排列，则计算出来的值是负的，但其绝对值仍是多边形的面积。

③ 多边形的某边不能和其他边相交叉，否则会计算错误。

④ 由于点的数目至少为三个，数量比较多，可以采用点数组来存放各点的数据。对应的流程图如图 7-5 所示。

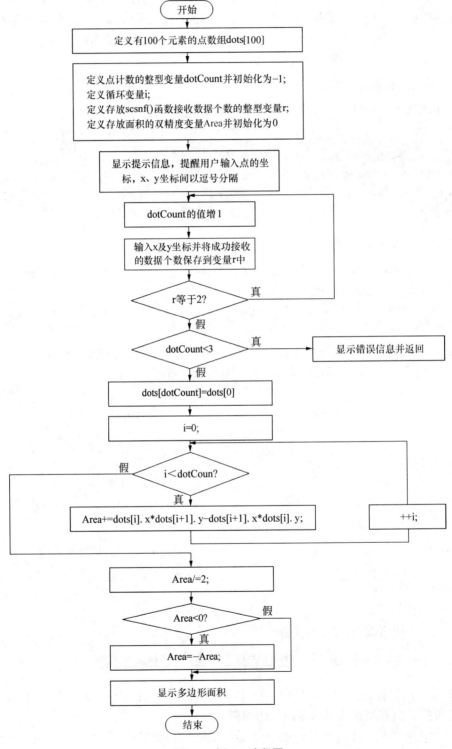

图 7-5 例 7-2 流程图

程序代码如下。

```
#include <stdio.h>
typedef struct dot {
    double x;
    double y;
} Dot;

void main()
{
    Dot dots[100];              //需要足够的空间来存放用户输入的多边形各顶点的坐标
    int dotCount=-1,i,r;        //dotCount 用于存放用户输入的顶点个数
    double Area=0;              //存放面积值
    printf("请按顺时针或逆时针依次输入多边形各顶点的坐标,x 及 y 坐标间以逗号分隔,
输入 End 表示输入结束: \n");
    do{
        ++dotCount;
        r=scanf("%lf , %lf",&dots[dotCount].x,&dots[dotCount].y);
    }while(r==2);               //正确输入了 x 及 y 的坐标,并继续,否则认为数据已
                                输入完成

    if(dotCount<3)
    {
        printf("至少需要输入三个点的坐标才能构成多边形 \n");
        return;
    }
    dots[dotCount]=dots[0];     //仅仅为了下面程序计算的方便性
    for(i=0;i<dotCount;++i)
    {
        Area+=dots[i].x*dots[i+1].y-dots[i+1].x*dots[i].y;
    }
    Area/=2;
    if(Area<0)Area=-Area;       //保证面积是正的
    printf("多边形面积 =%g\n",Area);
}
```

程序运行结果如图 7-6 所示。

程序说明如下。

① typedef 将结构体类型 struct dot 重新定义为 Dot,这样在程序中就可以用 Dot 来代替结构体类型,以简化程序书写。

② scanf( ) 函数中,dots[dotCount].x、dots[dotCount].y 均可视为普通变量,要获得其地址,故在其前面多加一个 &。

③ scanf( ) 函数的返回值为整数,是实际获取的变量值的个数。对本例,若正确输入了 x 及 y 的坐标,则返回值就是 2,否则就认为输入已经结束。

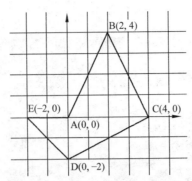

图 7-6　计算多边形面积

7.1.4　结构体与函数传递

在实际程序编写时，有时会用到结构体变量作为函数参数，以实现函数之间的参数传递。可以将结构体变量中的成员作为实参进行单独传递，也可以将其整体作为实参进行传递。常用的方法有以下几种。

1. 结构体变量的成员作为实参

结构体变量的成员可以视为简单变量、数组等，如 s.number、s.score，当把它们作为函数实参时，将实参值传递给类型一致的形参，其用法和普通变量作实参是一样的。

2. 结构体变量作为实参

当把结构体变量作为函数实参传递时，采用的是"值传递"方式，将各成员值一一对应赋给相应形参中的成员，作为形参的结构体变量的改变不会影响到作为实参的结构体变量。形参也必须是相同的结构体类型变量。

3. 结构体数组名作为实参

结构体数组名作为实参时，传递的是结构体数组的首地址，通过它可以直接操作实参中的结构体数组，对应的形参应该是数组或者指针变量。

4. 使用结构体作为返回值

函数的值是指函数被调用后，执行函数体中的程序段所取得的并返回给主调函数的值。其值不仅可以是普通变量、数组等，同样也可以为结构体类型。

【例7-3】 判断两个圆的位置关系。

设两圆的半径分别是 R 和 r, 圆心间的距离为 d, 则两个圆的位置关系如图 7-7 所示。

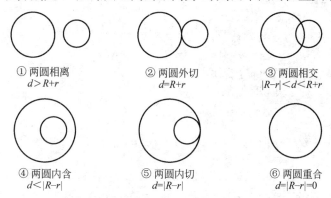

① 两圆相离　　　　② 两圆外切　　　　③ 两圆相交
$d>R+r$　　　　$d=R+r$　　　　$|R-r|<d<R+r$

④ 两圆内含　　　　⑤ 两圆内切　　　　⑥ 两圆重合
$d<|R-r|$　　　　$d=|R-r|$　　　　$d=|R-r|=0$

图 7-7　两个圆的位置关系

算法分析如下。

① 由于要判断两个圆的位置关系, 所以函数的参数应该是两个, 且都是圆结构类型。

② 为简单起见, 可在函数中直接输出表示圆的位置关系的文字信息。

③ 从位置关系图中可以看出, 只要计算出两圆间的距离 d、两圆半径的和及两圆半径的差就很容易根据其大小关系判断两圆的位置关系。

对应的流程图如图 7-8 所示。

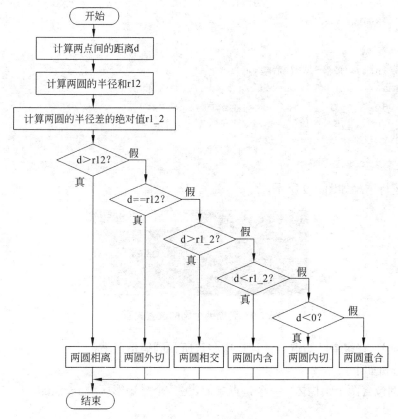

图 7-8　例 7-3 流程图

189

程序代码如下。

```c
#include <stdio.h>
#include <math.h>
typedef struct circle {
    double x;    //圆的 x 坐标
    double y;    //圆的 y 坐标
    double r;    //圆的半径 r
} Circle;

void CirclePosition(Circle c1,Circle c2)
{
    double d=sqrt((c1.x-c2.x)*(c1.x-c2.x)+(c1.y-c2.y)*(c1.y-c2.y));
    double r12=c1.r+c2.r;                //计算两圆的半径和
    double r1_2=abs(c1.r-c2.r);          //计算两圆的半径差的绝对值
    if(d>r12) printf("圆和圆相离 \n");
    else if(d==r12)printf("圆和圆外切 \n");
    else if(d>r1_2)printf("圆和圆两点相交 \n");
    else if(d<r1_2)printf("圆和圆内含 \n");
    else if(d>0)printf("圆和圆内切 \n");
    else printf("圆和圆完全重合 \n");
}

void main()
{
    Circle c1,c2;
    printf("请输入两个圆的圆心及半径: \n");
    scanf("%lf %lf %lf",&c1.x,&c1.y,&c1.r);
    scanf("%lf %lf %lf",&c2.x,&c2.y,&c2.r);
    printf("两圆的位置关系是: ");
    CirclePosition(c1,c2);
}
```

程序运行结果如图 7-9 所示。

图 7-9　判断两个圆的位置关系

【例 7-4】 有多个已知点，试计算这些点所在的矩形区域。

算法分析如下。

① 本例包含两个结构体：一个是点 dot，另一个是矩形区域 rectangle。

② 不能假设某一值作为区域最小的或最大的 x 或 y 值，而应取所给系列点中的任一个点来初始化区域的值，然后和其他点的值进行比较以更新该区域。

对应的流程图如图 7-10 所示。

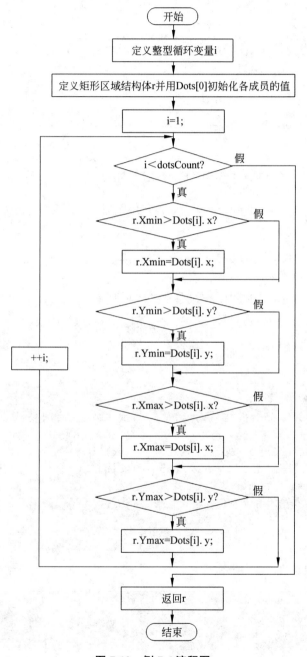

图 7-10　例 7-4 流程图

程序代码如下。

```
#include <stdio.h>
```

```
struct dot {                    //定义 dot 结构
    double x;
    double y;
};

struct rectangle {        //定义 rectangle 结构
    double Xmin, Ymin;
    double Xmax, Ymax;
};

struct rectangle getRectangle(struct dot Dots[], int dotsCount)
{
    int i;
    struct rectangle r={ Dots[0].x, Dots[0].y, Dots[0].x, Dots[0].y };
    //用第一个点初始化变量 r
    for(i=1;i<dotsCount;++i)  //遍历其余的所有点
    {
        if(r.Xmin>Dots[i].x)r.Xmin=Dots[i].x;
        if(r.Ymin>Dots[i].y)r.Ymin=Dots[i].y;
        if(r.Xmax<Dots[i].x)r.Xmax=Dots[i].x;
        if(r.Ymax<Dots[i].y)r.Ymax=Dots[i].y;
    }
    return r;                   //返回区域 r
}

void main()
{
    struct dot Dots[ ]={{1,2},{-5,6},{9,-3},{6,8}};  //定义“点”数组并进
                                                      行初始化
    int Count=sizeof(Dots)/sizeof(struct dot);       //计算“点”的数量
    struct rectangle r=getRectangle(Dots,Count);     //获取这些“点”所在的
                                                      矩形区域
printf("Dots 数组中的点都位于左下角(%g,%g),右上角(%g,%g)所表示的矩形中。\n",r.
Xmin,r.Ymin,r.Xmax,r.Ymax);
}
```

程序运行结果如图 7-11 所示。

图 7-11　计算多个点所在的矩形区域

192

7.2 模块实现：用结构体优化学生成绩管理系统

在任务 6 中介绍了用函数改善学生成绩管理系统，本任务要完成利用结构体这种数据类型对此进行优化。

1. 建立结构体类型

```
struct student {
    char number[20];        /* 学号 */
    char name[30];          /* 姓名 */
    float scor_eng;         /* 英语成绩 */
    float scor_math;        /* 数学成绩 */
    float scor_phy;         /* 物理成绩 */
};
```

这个结构体类型会贯穿整个程序。

2. 在函数 main( ) 中

（1）添加结构体变量。即用下述语句：

```
struct student record[100];
```

来替换任务 6 中所用到的多个数组：

```
char name[100][30],number[100][20];
float scor_eng[100],scor_math[100],scor_phy[100];
```

（2）用结构体变量作实参。即分别用下面的语句来相应替代任务 6 中用数组作实参的函数调用：

```
mycreat(xueshengnumber,record);
myshow(xueshengnumber,record);
myselect(xueshengnumber,record);
mymodify(xueshengnumber,record);
myadd(xueshengnumber,record);
mydelete(xueshengnumber,record);
```

3. 子函数的优化

（1）录入学生成绩。

```
int mycreat(int xueshengnumber,struct student record[100])
{
    ...
    while(tempname[0]!='#' && tempnumber[0]!='#') {
```

```
        strcpy(record[xueshengnumber].name,tempname);
        strcpy(record[xueshengnumber].number,tempnumber);
        record[xueshengnumber].scor_eng=tempenglish;
        record[xueshengnumber].scor_math=tempmaths;
        record[xueshengnumber].scor_phy=tempphysics;
        ...
    }
    return (xueshengnumber);
}
```

（2）显示学生成绩。

```
void myshow(int xueshengnumber,struct student record[100])
{
    int i;
    if(xueshengnumber==0)          printf("请先录入学生成绩,再显示学生成绩 \n");
    else{
            ...
            for(i=0;i<xueshengnumber;i++){
                    printf("%-19s",record[i].name);
                    printf("%-19s",record[i].number);
                    printf("%-13f",record[i].scor_eng);
                    printf("%-13f",record[i].scor_math);
                    printf("%-13f",record[i].scor_phy);
                    printf("\n");
            }
    }
}
```

（3）查询学生成绩。

```
void myselect(int xueshengnumber,struct student record[100])
{
    ...
    for(i=0;i<xueshengnumber;i++) {
        if(strcmp(record[i].number,tempnumber)==0)
            break;
    }
    if(i==xueshengnumber)     printf("查询结果无此学生 \n");
    else {
            printf("查询结果: \n");
            ...
            printf("%-19s",record[i].name);
            printf("%-19s",record[i].number);
            printf("%-13f",record[i].scor_eng);
            printf("%-13f",record[i].scor_math);
```

```
            printf("%-13f",record[i].scor_phy);
            printf("\n");
        }
    }
```

（4）修改学生成绩。

```
void mymodify(int xueshengnumber,struct student record[100])
{
    ...
    for(i=0;i<xueshengnumber;i++) {
        if(strcmp(record[i].number,tempnumber)==0)
          break;
    }
    if(i==xueshengnumber)  printf(" 没有查询到此学生 \n");
    else {
            ...
            strcpy(record[i].name,tempname);
            strcpy(record[i].number,tempnumber);
            record[i].scor_eng=tempenglish;
            record[i].scor_math=tempmaths;
            record[i].scor_phy=tempphysics;
    }
}
```

（5）添加学生记录。

```
int myadd(int xueshengnumber,struct student record[100])
{
    ...
    for(i=0;i<xueshengnumber;i++){
        if(strcmp(record[i].number,tempnumber)==0){
            ...
        }
    }
    if(i==xueshengnumber){
        ...
        strcpy(record[xueshengnumber].name,tempname);
        strcpy(record[xueshengnumber].number,tempnumber);
        record[xueshengnumber].scor_eng=tempenglish;
        record[xueshengnumber].scor_math=tempmaths;
        record[xueshengnumber].scor_phy=tempphysics;
        xueshengnumber++;
    }
    return xueshengnumber;
}
```

（6）删除学生记录。

```
int mydelete(int xueshengnumber,struct student record[100])
{
    ...
    for(i=0;i<xueshengnumber;i++){
        if(strcmp(record[i].number,tempnumber)==0)
            break;
    }
    if(i<xueshengnumber){
        if(i+1==xueshengnumber) xueshengnumber--;
        else {
            for(;i<xueshengnumber;i++){
                strcpy(record[i].name,record[i+1].name);
                strcpy(record[i].number,record[i+1].number);
                record[i].scor_eng=record[i+1].scor_eng;
                record[i].scor_math=record[i+1].scor_math;
                record[i].scor_phy=record[i+1].scor_phy;
            }
            xueshengnumber--;
        }
    }
    else  printf("没有查询到要删除的学生 \n");
    return xueshengnumber;
}
```

（7）学生成绩排序。

```
void mysort(int xueshengnumber,struct student record[100])
{
    ...
    for(i=0;i<xueshengnumber-1;i++){
        k=i;
        for(j=i+1;j<xueshengnumber;j++){
            if(strcmp(record[k].number,record[j].number)>0) {
                k=j;
                strcpy(tempnumber,record[k].number);
                strcpy(record[k].number,record[i].number);
                strcpy(record[i].number,tempnumber);
                strcpy(tempname,record[k].name);
                strcpy(record[k].name,record[i].name);
                strcpy(record[i].name,tempnumber);
                tempenglish=record[k].scor_eng;
                record[k].scor_eng=record[i].scor_eng;
```

```
            record[i].scor_eng=tempenglish;
            tempmaths=record[k].scor_math;
            record[k].scor_math=record[i].scor_math;
            record[i].scor_math=tempmaths;
            tempphysics=record[k].scor_phy;
            record[k].scor_phy=record[i].scor_phy;
            record[i].scor_phy=tempphysics;
        }
    }
  }
}
```

7.3　自学与拓展

下面介绍共用体与枚举类型。

1. 共用体

共用体（union）也称联合，是指将不同的数据项组织成一个整体，在内存中占用同一段存储单元。其类型声明和定义方式与结构体的类型声明和变量定义方式完全相同。例如：

```
union un {
    int i;
    char ch;
    double d;
}a;
```

与结构体变量不同的是，结构体变量的每个成员占有独立的内存空间，而共用体变量的所有成员占有同一个内存空间；结构体变量的内存空间是各个成员占的内存空间之和，而共用体变量的内存空间是所有成员中占用内存空间最长的一个。如上面的变量 a，它所占内存空间为 4，而不是这三者相加。

【**例 7-5**】 查看整型数据及双精度数据在内存中各字节的值，按十六进制来显示。

算法分析如下。

我们不能通过引用整型变量来显示其在内存中各字节的值，因为获取的是把 4 个字节作为一个整体而得到的整数。同样，直接引用双精度变量，得到的是把 8 个字节作为一个整体而得到的浮点数，然而我们可以使用联合体，联合体的各成员在内存中占用相同的存储地址。如果让整型变量、双精度变量及无符号字符数组作为联合体的成员，就可通过无符号字符数组逐个字节地存取整型或双精度数据各字节的值。

对应的流程图如图 7-12 所示。

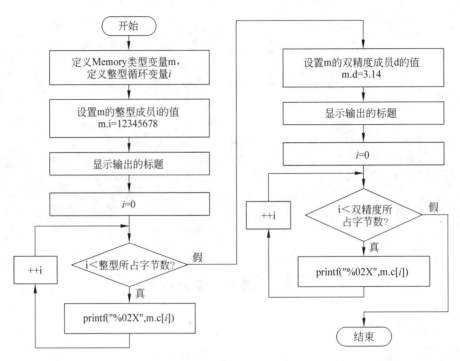

图 7-12　例 7-5 流程图

```c
#include <stdio.h>
union Memory       //定义联合体，其成员 i、d、c 在内存中占用相同的起始地址
{
    int i;
    double d;
    unsigned char c[8];
};
void main()
{
    union Memory m;
    int i;
    m.i=12345678;
    printf(" 整型数据 %d 在内存中各字节的值：\n",m.i);
    for(i=0;i<sizeof(int);++i)
    {
        printf("%02X ",m.c[i]);
    }
    printf("\n\n");
    m.d=3.14;
    printf(" 双精度数据 %g 在内存中各字节的值：\n",m.d);
    for(i=0;i<sizeof(double);++i)
    {
```

```
        printf("%02X ",m.c[i]);
    }
    printf("\n");
}
```

程序运行结果如图 7-13 所示。

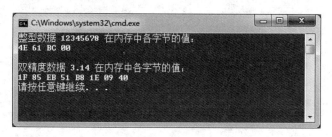

图 7-13　联合类型的应用

2. 枚举类型

如果一个变量只有几种可能的值，可以定义为枚举类型。所以枚举是指将变量的值一一列举出来，变量的值只限于列举出来的值的范围之内。

（1）枚举类型的声明。枚举类型声明的一般格式如下。

```
enum 枚举类型名 { 枚举值表 };
```

例如：

```
enum SEX { Male, Female };
enum weekday { Sun, Mon, Tue, Wed, Thu, Fri, Sat };
```

其中，enum SEX 或者 enum weekday 一起构成了枚举类型，可以把它们当作标准类型来定义变量。

（2）枚举类型变量的定义。如同结构体和共用体一样，枚举变量也可用不同的方式说明，即先定义后说明，同时定义说明或直接说明。

（3）枚举类型变量的赋值及引用。枚举类型变量只能够取其类型定义时所列举出来的值，而不能是其他任何值。例如：

```
enum SEX He = Male;
enum weekday Interview = Mon;
```

但是枚举元素本身由系统定义了一个表示序号的数值，从 0 开始顺序定义为 0、1、2、…，或者在定义时指定。如果在指定过值的枚举元素后面还有元素，则其后的值也是依次递增。

【例 7-6】 枚举类型的应用。

程序代码如下。

```
#include <stdio.h>
enum Season{spring=1, summer, autumn, winter};
void main()
{
    enum Season season;
    int choice;
    printf("1 春天 \n");
    printf("2 夏天 \n");
    printf("3 秋天 \n");
    printf("4 冬天 \n");
    printf(" 请选择: ");
    scanf("%d",&choice);
    season=(enum Season)choice;        //强制类型转换
    printf("\n 你选择的是: ");
    switch(season)
    {
    case spring:
        printf(" 春天 \n");
        break;
    case summer:
        printf(" 夏天 \n");
        break;
    case autumn:
        printf(" 秋天 \n");
        break;
    case winter:
        printf(" 冬天 \n");
        break;
    default:
        printf(" 选择错误 \n");
    }
}
```

程序运行示例如图 7-14 所示。

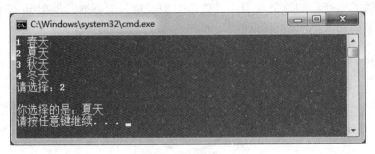

图 7-14　枚举类型应用

程序说明：

枚举类型使程序中将大量无意义的数值变成了有意义的符号,增强了程序的可读性。理解清晰,易于维护。同时,如果枚举符号和对应的整数值发生变化,只需修改枚举定义即可,而不必在漫长的代码中进行修改。

程序与人生

精益求精,一丝不苟

结构体是用户自己建立由不同类型数据组成的复合型数据结构。只有先声明结构体类型,才能定义结构体类型变量。也就是说,C语言虽然允许用户自行创建不同类型的数据组合在一起构成新的数据结构类型,但是这种声明后的结构体数据类型定义就是对变量的规范。

规范操作,精益求精,一丝不苟。

科学家爱迪生用电灯的发明给予了我们最好的说明。用铂、钡、钛、钒等多种稀有金属,还有1600多种耐热材料分门别类地试验,爱迪生和他的助手们不知试验了多少次,失败了多少次,但是爱迪生他们从不气馁,继续着试验工作,从不放弃,最终发明了点亮1200小时的电灯。

王羲之炉火纯青的书法技艺入木三分。

鲁班学艺,三年未下终南山。

三十岁的孔子拜师老子,无止境地向他人虚心求教。

贾岛作诗,韩愈助他仔细推敲……无数的名人事例都说明了在规范的基础上还要精益求精,一丝不苟地坚持与不懈。

严格的标准在任何时候都有至关重要的作用。从小到大,我们学习过不少的日常行为规范。行为规范不仅是一种标准,更是一种要求,也是一种养成习惯的教育。明规范的人,一定也是有着良好习惯的人。只有好习惯伴随,我们才能走向成功,迎接辉煌!

习　题

一、选择题

1. 以下叙述错误的是（　　　）。

　A. 可以用 typedef 增加新的类型

　B. 可以用 typedef 将已存在的类型用一个新的名字来代表

　C. 用 typedef 定义新的类型后,原有类型名仍有效

　D. 用 typedef 可以为各种类型起别名,但不能为变量起别名

2. 设有下列语句,则下面叙述正确的是（　　　）。

```
typedef  struct S {
```

```
    char ch;
    int a;
    float f;
}T;
```

    A. 可以用 S 定义结构体变量   B. S 是 struct 类型的变量

    C. 可以用 T 定义结构体变量   D. T 是 struct S 类型的变量

3. 结构体类型变量在程序执行期间（   ）驻留在内存。

    A. 所有成员   B. 只有一个成员   C. 部分成员   D. 没有成员

4. 下列程序的输出结果是（   ）。

```
#include  "stdio.h"
#include  "string.h"
typedef struct {
    char name[9];
    char sex;
    float score[2];
} STU;
STU f(STU  a)
{
    STU b={"Zhao",'m',85.0,90.0};
    int i;
    strcpy(a.name,b.name);
    a.sex=b.sex;
    for(i=0;i<2;i++)
        a.score[i]=b.score[i];
    return  a;
}
main()
{
    STU   c={"Qian",'f',95.0,92.0},d;
    d=f(c);
    printf("%s,%c,%2.0f,%2.0f\n",d.name,d.sex,d.score[0],d.score[1]);
}
```

    A. Qian,f,95,92   B. Qian,m,85,90   C. Zhao,m,85,90   D. Zhao,f,95,92

二、填空题

1. 有以下结构体说明、变量定义和赋值语句，数组 s 所占内存空间是_____，指针变量 ps 所占的存储空间是_____。

```
struct STD{
    char name[20];
    int age;
```

```
} s[5], *ps;
```

2. 有如下定义：

```
typedef struct date {
 int year, month, day;
}DATE;
struct student {
    char number[20];        /* 学号 */
    char name[30];          /* 姓名 */
    DATE birthdate;         /* 出生日期 */
  float score;              /* 成绩 */
};
struct student s;
```

如果 s 的出生日期为 2008 年 8 月 8 日，则赋值语句为_____。

三、编程题

1. 根据如下结构体类型，按要求做第（1）～（3）题。

```
struct student {
    char number[20];        /* 学号 */
    char name[30];          /* 姓名 */
    float scor_eng;         /* 英语成绩 */
    float scor_math;        /* 数学成绩 */
    float scor_phy;         /* 物理成绩 */
    float total;            /* 总分 */
};
```

（1）输入 10 个学生的信息并输出，其中总分由前 3 个成绩相加得出。

（2）将这 10 个学生信息按姓名的字典顺序排序。

（3）输出分数低于平均分的学生的信息。

2. 定义复数结构体，并实现复数的四则运算。

任务 8　用指针实现查询、修改、添加、删除学生成绩

　学习情境

在任务 7 中介绍了用结构体对学生成绩管理系统进行优化，这样可以让学生的信息作为整体进行处理，比起先前用多个数组表示更加容易理解。但是当进行变量复制、函数调用时，对于一个占用内存空间很大的结构体来说，需要将其复制是很浪费资源的，在本任务中介绍一种方法——指针。指针可以很好地解决这个问题，只复制变量的地址而非变量自身。

本任务中利用指针来对学生成绩管理系统进行代码优化。

8.1　任务学习引导

指针是 C 语言中的一个重要概念，也是一种广泛使用的数据类型。利用指针变量可以表示各种数据结构，能灵活、方便地处理数组和字符串，从而编出精练而高效的程序。

8.1.1　变量的指针与指针变量的概念

在计算机中，所有的数据都是存放在存储器中的，程序也都是在内存中执行的。在程序执行时，如果定义了一个变量，C 语言的编译系统会根据变量的类型，为其分配一定大小的内存空间。例如在 Visual C++环境中，会为字符型变量分配 1B 的内存单元，为整型变量分配 4B 的内存单元。所谓变量，就是指在内存中的某个存储单元。那么计算机是如何存取这些单元里的内容的呢？

指针的定义

计算机的内存是以字节为单位的一片连续的存储空间，每个字节都有一个编号，这个编号就被称为内存地址。可以把内存比作一栋大楼，而每个内存地址可以比作大楼内的每个房间号，管理员通过房间号来实现对大楼的管理，计算机的操作系统就是通过内存地址来管理整个内存空间的。

例如，有两条语句"int a = 1; char b = '1';"。在程序编译时，系统首先会给变量 a 和

b 分配内存单元，如图 8-1 所示。

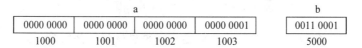

图 8-1　变量在内存中分配的地址示意图

图 8-1 中的最下面一行表示的是内存地址，这里的地址只是起示意作用，可以通过取地址符（&）来查看运行时分配的地址，这个地址就是指它的起始地址。通过起始地址就可以找到变量，因此也可以说，地址指向该变量。所以，在 C 语言中，变量的（起始）地址也被称为变量的指针，意思是通过它能找到以它为起始地址的内存单元。

将 a 赋值为 1，系统将会根据变量名 a 查出它相应的地址 1000，然后将整数 1 存放到地址为 1000 的内存单元（从 1000 开始向下分配 4B）；将 b 赋值为 '1'，系统将会根据变量名 b 查出它相应的地址 5000，然后将字符 '1' 存放到地址为 5000 的内存单元（从 5000 开始向下分配 1B），如图 8-1 所示。这种直接按变量名、不需要知道其具体分配的内存地址而进行的访问，称为直接存取。

在 C 语言中，还有一种特殊的变量，它只是用来存放内存地址的。如图 8-2 所示，可以将 a 的地址 1000 存放到这种变量 pa 中，而后通过 pa 来存取 a，这种存取方法称为间接存取。这种用来存放地址的变量就称为指针变量。

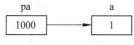

图 8-2　指针变量和指向的数据

图 8-2 中的箭头就表示"指向"，即在 pa 和 a 之间建立一种联系，通过 pa 就能知道 a 的地址，从而找到 a 的内存单元。这里 pa 就是指针变量，而变量 pa 存放的就是变量 a 的指针（地址）。

8.1.2　指针变量

指针变量

1. 指针变量的定义

如上所述，指针变量就是用来存放变量的地址的变量。

其定义的一般形式如下：

```
数据类型名    *变量名;
```

其中，星号（*）表示这是一个指针变量，变量名即为定义的指针变量名，数据类型名表示本指针变量所指向的变量的数据类型。

例如，"int *p;"表示 p 是一个指针变量，它的值是某个整型变量的地址，或者说 p 指向一个整型变量。至于 p 究竟指向哪一个整型变量，应由向 p 赋予的地址来决定。

以如下定义为例，对指针变量的定义应注意以下两点。

```
int a, *pa;
```

```
char *pc;           /* pc 是指向字符变量的指针变量 */
double *pd;         /* pd 是指向浮点变量的指针变量 */
```

（1）指针变量名。a 是整型变量，pa 是指向整型变量的指针变量。与定义普通变量 a 不同，指针变量前面的星号表示该变量为指针型，不能把 *p 作为整型变量。

（2）指针的基类型。pa 是指向整型变量的指针变量，那么整型则被称为指针的基类型，也就是说，pa 只能存放整型变量的地址，而不能是其他类型变量的地址。这是因为在本任务后面涉及指针变量的移动和计算时，指针一次移动的是一个内存单元，而每一种数据类型所占的内存单元并不一致，如对整型而言，一次移动 4B，而对字符型来说，一次只移动 1B。所以这时为了保证数据的准确性，规定一个指针变量只能指向同类型的变量，如 pa 只能指向整型变量，不能时而指向一个整型变量，时而又指向一个字符变量。

2. 指针变量的初始化

先来介绍两个有关的运算符。

- &：取地址运算符，使用方法为"& 变量名"。
- *：指针运算符，使用方法为"* 指针变量名"。

地址运算符"&"来表示取变量的地址，实际上是变量的起始地址。指针运算符"*"表示取指针变量所对应内存单元的值。二者可以视为一对互逆运算符。例如：

```
int a;
int *pa = &a;
```

pa 赋给了 a 的地址，那么 *pa 就是变量 a。即 *(&a) 等效于 a，&(*pa) 就是 a 的地址。

同普通变量一样，指针变量在使用之前需要先定义，而且它必须赋予具体的值。如果在定义指针变量的同时，赋给其初始值，则称为指针变量的初始化。

初始化的一般形式如下。

```
数据类型名  *变量名 = 初始地址值；
```

例如：

```
int a;   char c;
int *pa = &a;
char *pc = &c;
```

对于指针变量的初始化，应该注意以下几点问题。

① 上面的语句中，是将 &a、&c 赋给了指针变量 pa、pc，而不是 *pa、*pc，因为 *pa、*pc 指的是指针 pa、pc 所指向的内存单元的值，即 a、c，而且这里的星号是起到表明变量为指针类型的作用。

语句"int *pa = &a;"等价于"int *pa; pa = &a;"。

② 指针变量指向的数据类型必须与指针的基类型一致，原因见 8.1.1 小节指针的基

类型所述。

即不能写成"char *pc = &a;"。

③ 可以将一个指针的值赋给同一基类型的另一指针变量。

例如：

```
int a;
int *pa = &a;
int *qa = pa;
```

如图 8-3 所示, pa 指向变量 a, 然后又把 pa 的值 1000 赋给了 qa, 使 qa 也指向变量 a。

图 8-3　两个指针变量指向同一变量

④ 当把一个变量的地址作为初始值赋给指针变量时，这个变量必须在指针初始化之前定义过。因为没定义过的变量，系统没有给其分配过内存空间，所以也就没有地址，就无法让指针指向该变量。

⑤ 指针变量的赋值只能赋予地址，决不能赋予任何其他数据，否则将引起错误。在 C 语言中，变量的地址是由编译系统分配的，对用户完全透明。

例如，下述语句是错误的。

```
int *pa = 1000;
```

这里 1000 只是一个普通的整型数值，不能代表地址。

⑥ 可以给一个指针变量初始化为"空"值。

```
int *pa = NULL;
```

或

```
int *pa = 0;
```

或

```
int *pa = '\0';
```

这里的 NULL 是在头文件 stdio.h 中预定义符，其含义就为 0。而 pa 也不是指向地址为 0 的内存单元，而是指向一个确定的值——"空"。如果通过一个空指针去访问一个内存单元，将会得到一个出错的信息。

3. 指针变量的引用

在定义了一个指针变量并确定了其指向后，就可以用来访问所指向的变量。

引用指针变量的一般形式为

* 指针变量名

这里的星号称为指针运算符，也称作间接访问运算符。

【例 8-1】 分析下面程序的运行结果。

```c
#include <stdio.h>
void main()
{
    int a=8;                //定义整型变量 a 并同时进行初始化
    int *pa=&a;             //定义整型指针变量 pa 并同时进行初始化
    printf("a 的地址 =%08X, pa 的地址 =%08X\n", &a, &pa);
    printf("a 的内容 =%d, pa 的内容 =%08X\n", a, pa);
    printf("a=%d, *pa=%d\n",a,*pa);
    a=16;                   //直接改变变量 a 的值
    printf("a=%d, *pa=%d\n",a,*pa);
    *pa=256;                //通过指针间接改变变量 a 的值
    printf("a=%d, *pa=%d\n",a,*pa);
}
```

程序运行结果如图 8-4 所示。

图 8-4　分析程序运行结果

程序说明：

① a 和 pa 都是变量，都有自己的存储空间。

② 变量 a 中存放的是整数，而 pa 是指向 a 的指针，其值是变量 a 的地址。

③ 由于 pa 指向了 a，所以不管是通过 a，还是 *pa 来操作，都是针对相同的存储单元。

8.1.3　指针与函数

函数的参数不仅可以是整型、浮点型、字符型、结构体型等数据，还可以是指针类型。指针变量作参数时是传址，就是将地址传送到被调用函数，从而达到直接改变主调函数中数据的作用。下面来讲述一下其主要作用。

指针与函数

1. 指针可以起到改变主调函数中数据的作用

【例 8-2】 输入两个数，交换后输出。

程序代码如下。

```c
#include "stdio.h"
void swap(int *p, int *q)
{
    int t;
    t = *p;
    *p = *q;
    *q = t;
}
void main()
{
    int a, b, *pa, *pb;
    pa = &a;
    pb = &b;
    scanf("%d%d", &a, &b);
    printf(" 交换前: a = %d, b = %d\n", a, b);
    swap(pa, pb);
    printf(" 交换后: a = %d, b = %d\n", a, b);
}
```

程序说明：

（1）主程序中将指针变量 pa、pb 的值传到子函数中，p = pa、q = pb，子函数通过取指针 p 的内容（*p）改变变量 a 的值，通过 *q 改变变量 b 的值，然后两者完成交换。这一过程如图 8-5 所示。

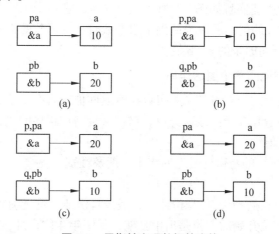

图 8-5　用指针实现数据的交换

① 进入子函数之前，有两个指针 pa、pb 分别指向 a 和 b。

② 进入子函数后，编译系统给指针变量 p 和 q 分配空间，将 pa、pb 的值赋给了 p 和 q，让 p 和 q 也指向 a 和 b，并且原来的指针依然保持。

③ 在子函数中将 p 和 q 所指向的值进行交换。

209

④ 从子函数返回到主函数中，编译系统收回指针变量 p 和 q，pa、pb 所指向的就是已经交换过的值。

（2）可以直接将 a、b 的地址传送过去，而不需要定义指针变量。

例如，主函数可以改写如下。

```
void main()
{
    int a, b;
    scanf("%d%d", &a, &b);
    printf(" 交换前: a = %d, b = %d\n", a, b);
    swap(&a, &b);
    printf(" 交换后: a = %d, b = %d\n", a, b);
}
```

（3）不能企图通过改变指针形参的值而使指针实参的值改变。

例如，对例 8-2 中的子函数进行如下改写，是不能交换 a 和 b 的值的。

```
void swap(int *p, int *q)
{
    int *t;
    t = p;
    p = q;
    q = t;
}
```

其中的问题在于不能实现如图 8-5 所示的第 3 步。它在子函数中只是交换了指针的指向，并未交换 a 和 b 的值。所以当回到了主函数时，子函数的指针变量消失，而主函数中的 pa、pb 依然指向原来的 a、b 值。

2. 指针可以起到返回多个值的作用

通过函数相关内容的学习可知函数可以没有返回值或者有 1 个。如果需要多个返回值时，可以通过多构造几个子函数来完成，这样又会增加程序的复杂性，而通过指针可以很容易地返回多个值。

【例 8-3】 根据所给的身份证号返回出生日期及性别。

算法分析如下。

① 为方便，这里只处理 18 位身份证，且假设身份证号是正确的。

② 身份证从第 7 位开始的 8 位是出生日期，其中年 4 位，月、日各 2 位。

③ 身份证第 17 位的数字若是偶数，表示女；若是奇数，表示男。

对应的流程图如图 8-6 所示。

程序代码如下。

```
#include <stdio.h>
#include <string.h>
//根据身份证号返回出生日期及性别
```

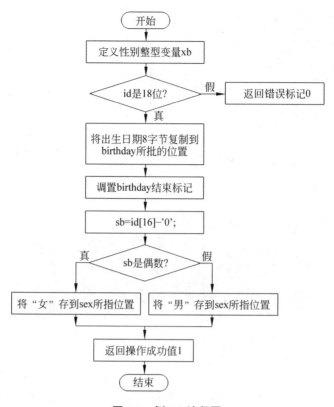

图 8-6　例 8-3 流程图

```
//返回 0 表示身份证错误
//返回 1 表示已正确获取出生日期及性别
int Message(char *id,char *sex,char *birthday)
{
    int xb;
    if(strlen(id)!=18)return 0;         //不是 18 位返回 0
    strncpy(birthday,id+6,8);           //复制出生日期，共 8 字节
    birthday[8]=0;                      //设置字符串结束标记
    xb=id[16]-'0';                      //获取性别标记数字
    if(xb%2==0)strcpy(sex," 女 ");      //是 2 的倍数为"女"，否则为"男"
    else strcpy(sex," 男 ");
    return 1;                           //返回 1
}

void main()
{
    char *id="410105199602180024";
    char sex[4], birthday[12];          //用于存放返回的性别及出生日期，要有足
                                        够的空间

    if(Message(id,sex,birthday)!=0)
```

```
        {
            printf("身份证号: %s\n\n   性别: %s\n出生日期: %s\n\n",id,sex,
birthday);
        }
        else
        {
            printf("请输入 18 位的身份证号 \n");
        }
    }
```

程序运行结果如图 8-7 所示。

图 8-7　根据身份证号返回出生日期及性别

程序说明：

① strcpy( ) 函数完成字符串复制。其函数原型为“extern char *strcpy(char *dest,char *src); ”。功能是把从 src 地址开始且含有 NULL 结束符的字符串赋值到以 dest 开始的地址空间，返回 dest（地址中存储的为复制后的新值）。要求 src 和 dest 所指内存区域不可以重叠且 dest 必须有足够的空间来容纳 src 的字符串。

② strncpy( ) 函数按指定的字符个数进行字符串赋值。函数原型为：“char *strncpy(char *dest, char *src, size_t n); ”。功能是将字符串 src 中 n 个字符复制到字符数组 dest 中。它并不像 strcpy 一样遇到 NULL 才停止复制，所以 desc 中可能不存在字符串结束标记 NULL，必须为 desc 设置字符串结束标记 NULL。

③ 主程序中在定义字符数组来存放返回的出生日期及性别时，数组要有足够的大。

8.1.4　指针与一维数组

1. 使指针变量指向一维数组

一个变量有地址，一个数组包含若干元素，每个数组元素在内存中都占用存储单元，它们都有相应的地址，而且在内存中数组的空间是连续分配的。例如，语句“int a[10] = {1,2,3,4,5,6,7,8,9,10};”的内存分配如图 8-8 所示。

指针变量既然可以指向变量，那同样可以指向数组

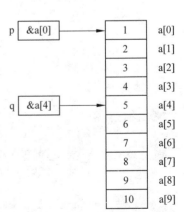

图 8-8　数组在内存中的分配

元素。数组元素的指针就是数组元素的地址。除此之外，指针变量还可以指向数组，指向数组的指针变量就是数组的第一个元素的地址——首地址。C 语言规定，一维数组的数组名代表数组的首地址，因此数组名本身就是一个地址。其他数组元素的地址可以通过数组名加上偏移量来取得。例如：

指针与指针变量

```
int *p = &a[0];      //指针 p 指向数组第 1 个元素
int *q = &a[4];      //指针 q 指向数组中下标为 4 的元素
```

对于指针变量 p 来说，指向的是数组中下标为 0 的元素，实际上也就是指向了整个数组。

其等价于

```
int *p = a;          //数组名 a 代表数组的首地址
```

2. 指针的运算

指针变量既然是变量的一种，那么它也可以进行一些运算。如 8.1.3 小节提到的指针运算符就是取变量对应内存单元的值。

（1）算术运算。指针也能像普通变量一样进行加减的算术运算，当然其含义是不同的。例如：

```
int a, *p = &a;
p++;
```

这里的 p++ 不是指把指针变量 p 的值（地址）加 1，而是指针向前移动 1 个相同基类型的内存单元。在数组中这种加减显得更有意义。

仍以图 8-6 所示的数组为例，语句如下。

```
int m;
int *p = a, *q,r,s;    //指针 p 指向数组，即数组中下标为 0 的元素
p++;                   //指针 p 向下移动 1 个内存单元，即指向数组中下标为 1 的元素
q = p + 5;             //指针 p 向下再移动 5 个内存单元，即指向 a[6]
r = a + 5;             //由于数组名是个指针，故是从首元素向下移动 5 个内存单元，
                         即指向 a[5]
s = &a[1] + 2;         //&a[1]即相当于指向 a[1]的指针，由其向下移动 2 个内存单元，
                         故指向 a[3]。在此不要误以为是这个地址向下加 2 个字节
```

以下几行语句皆以 s 指向 a[3] 为例。

```
m = *s;    //取指针 s 所指向内存单元的值，即将 4 赋给 m
m = *s++;  //将 *s 的值 4 赋给 n，然后 s 向下移动一个内存单元，即 a[4]
m = *++s;  //s 向下移动 1 个内存单元，即指向 a[4]，然后将 *s 的值 5 赋给 n
(*s)++;    //相当于"*s = *s + 1;"故其更改的是 *s 的值，即为 5，s 仍然指向 a[3]
```

上面的语句示例中只演示了加法运算，减法向后移动，用法同上。

这里需要注意的是数组名是指针常量，其固定指向数组中的第一个元素，不能移动。下面的语句就是错误的。

```
a++;
```

（2）关系运算。相同基类型的指针之间可以进行各种关系运算。两个指针之间的关系是指它们的目标变量的地址位置之间的关系。如图8-7所示指针的指向，语句如下。

```
int m = p-q;                 //m=-5，因为q指向a[6]，p指向a[1]
int m = q-a;                 //n=6
```

还可以用进行大小的比较。

```
int m = p<q;                 //m=1，此语句为真
int m = (p != NULL);         //m=1，此语句为真
```

当然，如果用指针来与普通变量比较，是没有意义的。

3. 引用一维数组元素

在以前对数组的学习中，可以用"数组名[下标]"的方式引用数组元素，而8.1.3小节中通过指向数组的指针也可以访问到各个数组元素，如图8-9所示。例如：

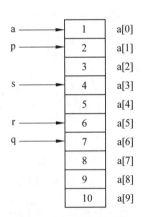

```
int a[10], *p;
p = a;
```

对于其元素a[i]的引用有以下几种。

*(a+i)：由于数组名a是指针，用a+i可以得到数组元素，再用指针运算符*就可以取得其对应内存单元的值。

*(p+i)：同上，p也是一个指针。

就像*(a+i)等同于a[i]一样，*(p+i)也可以写成形式p[i]。

同样，对于数组元素的地址，&a[i]、&p[i]、a+i、p+i这几种写法也完全等价。

图8-9 指针与一维数组

【例8-4】 利用指针变量操作数组。

流程图如图8-10所示。

程序代码如下。

```
#include <stdio.h>
void main()
{
    int a[]={6,4,8,2,9},*p1,*p2,i;
    for(i=0;i<5;++i) ++ *(a+i);        //通过指针使各元素的值增1
    p1=a;
    p2=a+5;                            //指针的算术运算
```

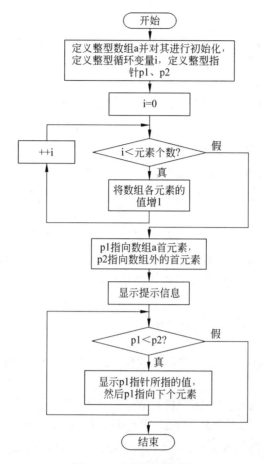

图 8-10 例 8-4 流程图

```
    printf(" 数组各元素增 1 后的值为: \n");
    while(p1<p2)          //指针的关系运算
    {
        printf("%d   ",*p1++);
    }
}
```

程序运行结果如图 8-11 所示。

图 8-11 利用指针变量操作数组

215

程序说明：

① ++ *(a+i) 相当于 ++a[i]，使数组元素的值增 1。

② "p1=a;p2=a+5;"执行后，p1 指向数组首元素，p2 指向数组外的空间。当 p1<p2 时，说明 p1 是指向了数组的某个元素。

③ *p1++ 相当于 *(p1++)，该表达式在获取指针 p1 所指数组元素的值后，还会使 p1 指向下个元素。

4. 指向数组的指针做函数的参数

函数的参数不仅可以是整型、实型、结构体类型等，还可以是指针类型，其作用是将一个变量的地址传送到另一个函数中。

1）数组名作为函数参数

数组名本身就是一个地址值，与普通变量的地址值一样，可以作为实参传递，但其对应的形参就应该是一个与此数组类型相一致的数组或者指针变量。实际上，C 语言在编译时，也是将形参中的数组名作为指针变量来处理的。通过此指针变量来引用调用函数中对应的数组并操作。

【例 8-5】 求指定范围内 7 的倍数或含 7 的数据。

算法分析如下。

（1）所求的数据有两种：一种是含 7 的数据，比如 17、27、37 等；另一种是 7 的倍数，比如 14、21、28 等。

（2）一个数据中是否含 7，需要检查数据的每一位数字。检测过程如下。

① 数据还大于 0 吗？是，转到Ⅱ，否则返回 0。

② 把数据分解为高位和低位两部分，低位仅个位数，高位是不含个位的其他各位数字。

③ 低位是 7 吗？是，返回 1，否则转移到Ⅰ，对高位数进行判断，直到返回 0 或 1。

（3）因为所求数据比较多，这里将所求数据通过数组返回。为简单起见，数组的前两个元素分别存放范围的起始数据及终止数据。返回时，数组的第 3 个元素返回所求数据的个数，数组从第 4 个元素开始存放所找到的满足要求的数据。数组要有足够的大小来存放所求的数据，程序不对数组边界做检查。

对应的流程图如图 8-12 所示。

程序代码如下。

```
#include <stdio.h>
//判断整数 num 的各位数字中是否包含 7，包含 7 则返回 1，否则返回 0
int Han7(int num)
{
    while(num>0)            //数据
    {
        if(num%10==7)return 1;
        num/=10;
    }
```

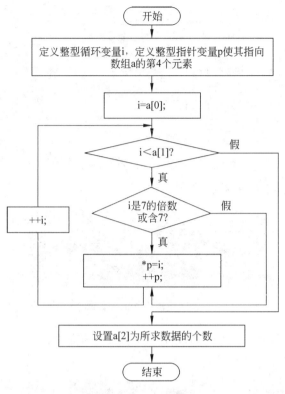

图 8-12 例 8-5 流程图

```
    return 0;
}
//求指定范围内 7 的倍数或包含 7 的数据
//参数：整型数组 a，要求 a 要有足够大的空间以存放结果
//a[0]、a[1]指定范围，a[2]存放满足条件的数据的个数，所求数据从 a[3]开始依次存放
void Qi(int a[])
{
    int i, *p=a+3;              //p指向存放所求数据的起始地址
    for(i=a[0];i<=a[1];++i)
    {
        if(i%7==0 || Han7(i)) //判断数据是否是 7 的倍数或包含 7
        {
            *p=i;              //i 就是要找的数据，将其保存到 p 所指的存储单元
            ++p;               //p 指向下个存储单元
        }
    }
    a[2]=p-(a+3);              //a[2]中存放所求数据的个数
}


void main()
{
```

```
    int i, a[100]={ 10, 50 };
    Qi(a);          //数组 a 要有足够大的空间来存放结果
    printf("区间 [%d, %d] 中 7 的倍数或含 7 的数据共有 %d 个: \n",a[0],a[1],a[2]);
    for(i=3; i<a[2]+3; ++i)
    {
        printf("%d  ",a[i]);
    }
    printf("\n\n");
}
```

程序运行结果如图 8-13 所示。

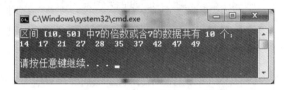

图 8-13　求指定范围内 7 的倍数或含 7 的数据

【例 8-6】　用选择法对数组中的数进行由小到大的排序。

程序代码如下。

```
#include "stdio.h"
#define N 5
void sort(int *, int);
void print(int *, int);
void main()
{
    int a[N] = {5,1,2,4,3};
    sort(a, N);                //进行排序
    print(a, N);               //输出排序后的结果
}
void sort(int *a, int n)
{
    int i, j, t, min;
    for(i = 0; i < n-1; i++) {
        min = i;
        for(j = i+1; j < n; j++)
            if(a[min] > a[j])
                min = j;
        if(min != i) {
            t = a[min];
            a[min] = a[i];
            a[i] = t;
        }
```

```
    }
}
void print(int *a, int n)
{
    int i;
    for(i = 0; i < n; i++)
        printf("%d ", * (a+i));
}
```

2）数组元素地址作为函数参数

与数组名作实参一样，它们都是地址值，因此对应的实参也应当是基类型相同的指针变量。

【例 8-7】 求所给数组指定位置开始的若干个元素中的最大值。

对应的流程图如图 8-14 所示。

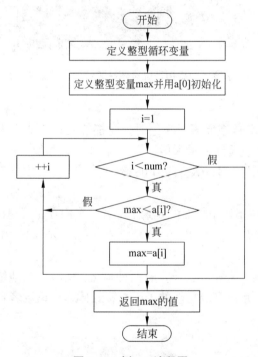

图 8-14 例 8-7 流程图

程序代码如下。

```
#include <stdio.h>

int Max(int a[],int num)
{
    int i, max=a[0];
    for(i=1; i<num; ++i)
    {
```

```
        if(max<a[i])max=a[i];
    }
    return max;
}


void main()
{
int a[]={8,4,2,6,5,1,9,3};
int max= Max(&a[1],5);
    printf("数组从第2个元素开始的5个元素中的最大值= %d\n\n",max);
}
```

程序运行结果如图 8-15 所示。

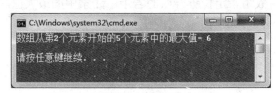

图 8-15　求所给数组指定位置开始的若干个元素中的最大值

程序说明：

① 在 max 函数内求数组元素最大值时，先把首元素的值作为最大值，然后和其他元素的值进行比较，并设置新的最大值。

② 主程序中调用函数 Max(&a[1],5) 的第一个参数表示数组第 2 个元素的地址，也可用 a+1 来表示。

【例 8-8】 将数组中指定下标 k 的元素上下各一个内存单元里的值相加并输出。如现在数组 a：1，2，3，4，5，6，7，8，9，10。选择 k＝5，那么最后的结果是 12(a[4]+a[6])。

算法分析如下。

可以参照上面的例子来完成，还是有两种写法：从数组首地址和指定地址开始，这里只给出从指定地址开始，完成功能的子函数，具体程序请读者自行完成。

子程序代码如下：

```
void add(int *a)
{
    return a[1] + a[-1];
}
```

8.1.5　指针与字符串

字符串就是用双引号括起来的若干字符，其结束标志为 '\0'，字符串指针就是指向字符串的字符指针变量。在任务五有过对字符串的学

指针操作字符串

习，其中对字符串的处理是用数组方式，本小节讲述利用指针方式来完成。

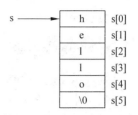

图 8-16 字符串在内存中的分配

1. 通过字符数组名引用字符串

数组名就相当于指针常量，那么字符数组名就相当于一个基类型为字符型的指针常量，它具备普通数组的一切特点。

例如，有一个字符串 "char s[] = "hello";" 其在内存中分布如图 8-16 所示。

【例 8-9】 用字符数组存放一个字符串，并输出该字符串。

程序代码如下：

```
#include "stdio.h"
void main()
{
    char s[] = "Hello, world!";
    printf("%s", s);
}
```

【例 8-10】 用字符数组名来完成字符串的复制。

程序代码如下：

```
#include "stdio.h"
void main()
{
    char s[] = "Hello, world!", t[20];
    int i;
    for(i = 0; s[i] != '\0'; i++)
        t[i] = s[i];
    t[i]= '\0' ;
    printf("String s: %s\n", s);
    printf("String t: ");
    for(i = 0; t[i] != '\0' ; i++)
        printf("%c", t[i]);
}
```

程序说明：

① 复制后的字符数组需要加上串结束符标志 '\0'。

② 把 s 看作字符指针常量时，s[i] 可以写成 *(s+i)、t[i] 可以写成 *(t+i)。

2. 通过指针变量引用字符串

字符串指针变量的定义说明与指向字符变量的指针变量说明是相同的，只能按对指针变量的赋值不同来区别。对指向字符变量的指针变量应赋予该字符变量的地址。例如：

```
char c, *p=&c;
```

表示 p 是一个指向字符变量 c 的指针变量。而

```
char *s="Hello, world!";
```

则表示 s 是一个指向字符串的指针变量。把字符串的首地址赋予 s。

上例中，首先定义 s 是一个字符指针变量，然后把字符串的首地址赋予 s（当字符串常量在表达式中出现时，它将会被转换成一个字符数组，编译系统为其分配连续的一块内存单元），并把首地址送入 s。

【例 8-11】 用字符串指针变量表示一个字符串，并输出该字符串。

程序代码如下。

```
#include "stdio.h"
void main()
{
    char *s = "Hello, world!";
    printf("%s", s);
}
```

【例 8-12】 用字符数组名来完成字符串的复制。

程序代码如下。

```
#include "stdio.h"
void main()
{
    char *s = "Hello, world!", t[20], *ps, *pt;
    ps = s;                //让指针变量 ps 指向数组 s
    pt = t;                //让指针变量 pt 指向数组 t
    for(;*ps != '\0'; ps++, pt++)
    *pt = *ps;
        *pt= '\0';
    printf("String s: %s\n", s);
    printf("String t: %s\n", t);
}
```

用字符数组和字符指针变量都可以实现字符串的存储和运算。但是两者是有区别的。在使用时应注意以下几个问题。

（1）字符串指针变量本身是一个变量，用于存放字符串的首地址。而字符串本身是存放在以该首地址为首的一块连续的内存空间中，并以 '\0' 作为串的结束。字符数组是由若干个数组元素组成的，它可用来存放整个字符串。

（2）对字符串指针方式：

```
char *ps="Hello, world";
```

可以写为

```
char *ps;
ps=" Hello, world";
```

而对数组方式：

```
char s[]={"Hello, world"};
```

不能写为

```
char s[20];
s={" Hello, world"};
```

字符数组可以在变量定义时整体赋初值。除此之外，只能对字符数组的各元素逐个赋值。

从以上几点可以看出字符串指针变量与字符数组的区别，同时也可以看出使用指针变量更加方便。

（3）字符指针变量的值是可以改变的，例如：

```
#include "stdio.h"
void main()
{
    char *s = "Hello, world!";
    s += 7;
    printf("%s", s);
}
```

输出结果是"world!"。

由此程序可以看出，指针变量的值可以变化。输出字符串时从变化了的指针变量所指向的内存单元开始输出，直到遇上串结束符 '\0' 为止。而字符数组名虽然代表地址，但它是一个指针常量，其值是无法改变的。

例如，上例中把字符串改成数组形式：

```
char s[] = "Hello, world!";
```

那么，在运行程序时，将会出现错误。

3. 字符串指针作为函数的参数

与指向数组的指针变量一样，字符串指针同样可以作为函数参数。在被调用的函数中可以改变字符串的内容，在主调函数中可以得到改变了的字符串。

【例 8-13】 对字符串进行简单加密，并输出加密后的结果。

算法分析如下。

加密的方法有很多,这里采用的方法是对字符串的每个字节和整数 1 进行异或计算。异或计算的特点就是：若 A 和 K 进行异或计算其结果为 B，则 B 再次和 K 进行异或计算时又可得到 A，利用异或计算可方便地进行简单的加密与解密。

223

对应的流程图如图 8-17 所示。

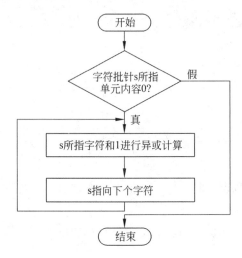

图 8-17 例 8-13 流程图

程序代码如下。

```c
#include <stdio.h>
//对字符串进行简单加密
void Secret(char *s)
{
    while(*s!=0)          //循环处理到字符串结束
    {
        s[0]^=1;          //字符的 ASCII 码值和 1 进行位异或运算
        ++s;              //指向下个字符
    }
}

void main()
{
    char s[100]="怎么是你？ How are you?\n怎么老是你？ How old are you? ";
    printf(" 原来的字符串如下：\n%s\n\n",s);
    Secret(s);            //调用函数加密字符串
    printf(" 加密后的字符串如下：\n%s\n\n",s);
    Secret(s);            //再次调用解密字符串
    printf(" 解密后的字符串如下：\n%s\n\n",s);
}
```

程序运行结果如图 8-18 所示。

程序说明：

① "^" 是位异或运算符，当两个操作数对应位不一样，对应的结果位才是 1。比如：

图 8-18　对字符串进行简单加密

$$
\begin{array}{r}
0000\quad 1100\quad (12)\\
\verb|^)|\ \ 0000\quad 1010\quad (10)\\
\hline
0000\quad 0110\quad (6)
\end{array}
$$

注意：12^10 结果是 6，而 6^10 结果又变成 12，这就解释了程序中为何第一次调用函数时完成字符串的加密，而再次调用函数将"加密后的字符串"再次"加密"时就变成了解密。

②"^="是复合赋值运算符，a^=b 相当于 a=a^b。复合赋值运算符使 C 语言中表达式的书写更加简练。

【例 8-14】 字符串的连接。如字符串 a 为 Hello，字符串 b 为"world!"，要求把 b 连接到 a 的后面，组成"Hello world!"。

算法分析如下。

（1）定义字符串 a 的只能是字符数组形式，并且数组空间足够大，至少能容纳字符串 b。如 s 和 t 分别存储这两个串。

（2）在连接串 b 时，指针 s 肯定要到达 a 串的末尾，然后添加。

程序代码如下。

```c
#include "stdio.h"
void fun(char *, char *);
void main()
{
    char s[100] ="Hello ";    /* 不能写成 "char *s = "Hello ";", 因为这样 s
                                 就没空间容纳串 b*/
    char *t = "world!";       /* 可以写成 "char t[] = "world!";"*/
    fun(s,t);
    printf("Stiring t: %s", s);
}
```

```
void fun(char *s, char *t)
{
    for(;*s; s++);          //到达串 a 的结束位置
    for(;*t; s++,t++)  *s=*t; //将串 b 中的字符依次增加到 s 中
    *s = '\0';              //最后给 s 加上串结束符
}
```

8.1.6　指针与结构体

1. 指向结构体变量的指针

（1）结构体指针变量的定义。一个结构体变量的起始地址就是这个结构体变量的指针。如果把一个结构体变量的起始地址存放在一个指针变量中，那么，这个指针就是指向结构体变量的指针。但是指针基类型必须与结构体变量的类型相同。

定义结构体指针变量的一般格式如下：

struct 结构体类型 *结构体指针变量;

例如：

struct student s = {"0905001", " 张三 ", 90}, "ps;
ps = &s;   //ps 就是一个指向结构体变量 s 的指针

其内存空间示意图如图 8-19 所示，s 是一个结构体变量，ps 指向其首地址。

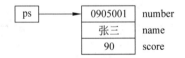

图 8-19　结构体指针变量

（2）结构体指针变量的引用。用结构体指针变量引用结构体变量成员时，其引用形式有如下两种。

（*结构体指针变量名）.成员名
结构体指针变量名 -> 成员名

第一种写法是用指针运算符来取指针变量所指向的内容，即结构体变量；第二种写法是 C 语言中引入的指向运算符（其书写方式为 ->），用于连接指针变量和其指向的结构体变量的成员。

【例 8-15】 利用结构体指针变量输出一个学生的信息。

程序代码如下。

#include "stdio.h"

```
typedef struct student {
    char number[20];              /* 学号 */
    char name[30];                /* 姓名 */
    float score;                  /* 成绩 */
}STU;
void main()
{
    STU s = {"0905001", "张三", 90}, *ps;
    ps = &s;
    printf("学号:%s\n姓名:%s\n成绩:%f\n\n", s.number, s.name, s.score);
    printf("学号:%s\n姓名:%s\n成绩:%f\n\n", (*ps).number, (*ps).name, (*ps).
score);
    printf("学号:%s\n姓名:%s\n成绩:%f\n\n", ps->number, ps->name, ps->
score);
}
```

程序说明：

这三种输出效果完全一致。注意在用指针变量时，如 (*ps).number，括号必须添加，因为成员运算符 "." 优先级最高，如果不添加会变成 *(ps.number)，这样显然是错误的。

2. 指向结构体数组的指针

设 ps 为指向一个结构体数组的指针,也就是说,ps 指向该结构体数组的第 1 个元素，这与普通数组的情况是一致的。例如：

```
STU s[2] = {{"0905001", "张三", 90}, {"0906010", "李四", 85}};
STU *ps = s;
```

s 为数组名，同普通数组一样，也是一个指针常量，s+i 即是指向下标为 i 的元素。ps 是指向结构体数组的指针，ps+i 便是指向下标为 i 的元素。

【例 8-16】利用结构体指针输出多个点的信息。

对应的流程图如图 8-20 所示。

程序代码如下。

```
#include <stdio.h>
struct dot {                //定义 dot 结构
    char *name;             //点名
    double x;               //x 坐标
    double y;               //y 坐标
};

void main()
```

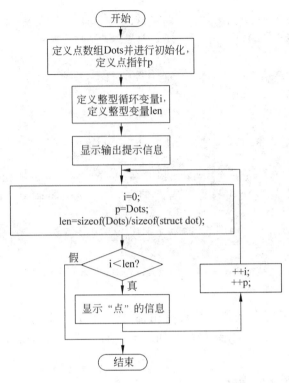

图 8-20　例 8-16 流程图

```
{
    struct dot Dots[]={
    { "A", 4172.215, 5413.522 },
    { "B", 4015.450, 5954.639 },
    { "P", 3976.846, 6086.259 }
    }, *p;
        int i, len;
        printf(" 各点的信息如下：\n");
        for(i=0, p=Dots, len=sizeof(Dots)/sizeof(struct dot); i<len; ++i, ++p)
        {
            printf("%s(%g, %g)\n", p->name, p->x, p->y);
        }
}
```

程序运行结果如图 8-21 所示。

程序说明：

① 主程序 for 循环的表达式中采用的是逗号表达式。

② for 循环的次数就是点数组的个数，可用 sizeof(Dots)/sizeof(struct dot) 来计算。

③ 通过指针 p 访问结构的各成员时，用 -> 运算符，如 p->name、p->x、p->y 等。

【例 8-17】 修改学生信息，结构体声明见例 8-15。

图 8-21　利用结构体指针显示点的信息

程序代码如下。

```
#include "string.h"              //strcpy()函数定义在此头文件里
void modify(char *no, char *name, float *score)
{
    strcpy(no, "0905002");
    strcpy(name, "李四");
    *score = 100;
}
void main()
{
    STU s = {"0905001", "张三", 90};
    modify(s.number, s.name, &s.score);
    printf("学号: %s\n 姓名: %s\n 成绩: %f\n\n", s.number, s.name, s.score);
}
```

（1）结构体变量地址作实参。可以把一个结构体变量作为整体送至被调用函数，相应的被调用函数参数应当是结构体类型的指针。

【例8-18】 修改学生信息，结构体声明见例8-15。

程序代码如下。

```
#include "string.h"              //strcpy()函数定义在此头文件里
void modify(STU *s)
{
    strcpy(s->number, "0905002");
    strcpy(s->name, "李四");
    s->score = 100;
}
void main()
{
    STU s = {"0905001", "张三", 90};
    modify(&s);
    printf("学号: %s\n 姓名: %s\n 成绩: %f\n\n", s.number, s.name, s.score);
}
```

（2）结构体数组作实参。与指向数组的指针变量一样，指向结构体数组的指针同样

229

可以作为函数参数。在被调用的函数中可以改变结构体数组的内容，在主调函数中可以得到改变了的结构体数组。

【例8-19】 根据不在一直线上的三个点的坐标计算其外接圆圆心的坐标。

算法分析如下。

根据三点坐标计算其外接圆圆心坐标有多种方法，只需要按公式完成计算即可。下面就是一种计算的方法。

已知 $A(x_a, y_a)$、$B(x_b, y_b)$、$C(x_c, y_c)$，其圆心坐标为 $P(x_p, y_p)$，则

$$x_p = \frac{(b-c)y_a+(c-a)y_b+(a-b)y_c}{g},$$

$$y_p = \frac{(b-c)x_a+(c-a)x_b+(a-b)x_c}{g};$$

式中：$a=x_a^2+y_a^2$；$b=x_b^2+y_b^2$；$c=x_c^2+y_c^2$；$g=2[x_a(y_c-y_b)+x_b(y_a-y_c)+x_c(y_b-y_a)]$。

计算时，先计算 a、b、c、g 的值，然后计算圆心坐标的值。

对应的流程图如图8-22所示。

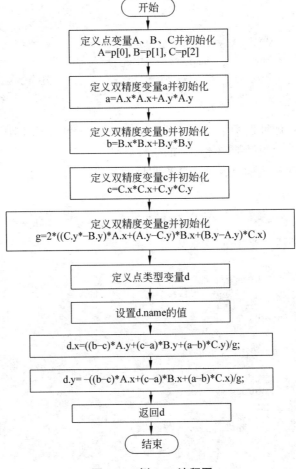

图8-22 例8-19流程图

程序代码如下。

```c
#include <stdio.h>

struct dot {              //定义 dot 结构
    char *name;           //点名
    double x;             //x 坐标
    double y;             //y 坐标
};
//p 指针指向的开始地址处存放有三个点的信息
//返回的是三个点外接圆圆心的点信息
struct dot Circle(struct dot *p)
{
    struct dot A=p[0],B=p[1],C=p[2];
    double a=A.x*A.x+A.y*A.y;
    double b=B.x*B.x+B.y*B.y;
    double c=C.x*C.x+C.y*C.y;
double g=2*((C.y-B.y)*A.x+(A.y-C.y)*B.x+(B.y-A.y)*C.x);
    struct dot d;
    d.name=" 外接圆圆心 ";
    d.x=((b-c)*A.y+(c-a)*B.y+(a-b)*C.y)/g;
    d.y=-((b-c)*A.x+(c-a)*B.x+(a-b)*C.x)/g;
    return d;
}

void main()
{
    struct dot d,Dots[]={{"A",-8, -1},{ "B", 5, 12}, {"C", 17, 4}}, *p;
    int i;
    printf(" 三点坐标如下: \n");
    for(i=0, p=Dots; i<3; ++i)
    {
        printf("%s (%g, %g)\n",p->name, p->x, p->y);
        ++p;
    }
    d=Circle(Dots);         //计算圆心坐标
    printf("\n%s (%g, %g)\n\n",d.name,d.x, d.y);
}
```

程序运行结果如图 8-23 所示。

程序说明:

① 提供的三点不能在一条直线上，否则计算的 g 值会是 0，会出现除 0 错误。

② 主程序中用到了两种访问结构体成员的方法，一种是 "p->name, p->x, p->y" 的形式，另一种是 "d.name,d.x, d.y"，注意变量 d 和 p 在定义上的区别。

③ 函数 Circle( ) 返回的是 dot 结构体类型的值，注意返回值在主程序中的使用。

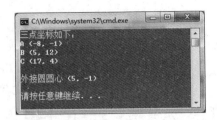

图 8-23　求已知三点的外接圆圆心坐标

（3）利用指针实现结构体数组的动态分配。前文所涉及数组的长度是预先定义好的，在整个程序中固定不变。例如，一个班预计有 60 个人，在录入前就建立了一个 60 个元素的数组。但如果最终只录入 20 个人，就意味着多余的 40 个元素的空间就浪费了。同样，如果最终录入 100 人，这个数组也无空间将剩下 40 人的信息容纳进去。要想解决问题，需要考虑动态地分配内存空间。C 语言提供了一些内存管理函数，这些内存管理函数可以按需要动态地分配内存空间，也可把不再使用的空间回收待用，为有效地利用内存资源提供了手段。

常用的内存管理函数有以下三个。

（1）malloc( ) 函数。调用形式如下。

```
( 类型说明符 *)malloc(size)
```

函数的功能是：在内存的存储区中分配一块长度为 size 个字节的连续区域。函数的返回值为该区域的首地址，若没有足够的内存单元供分配，则数据返回空（NULL）。由于返回的首地址为无值型（void *），必须用（类型说明符 *）将它强制转换为需要的类型，这里的 * 号表明返回的是个指针。例如：

```
int *p=(int *)malloc(4);
*p = 10;
```

表示分配 4B 的内存空间，并强制转换为整型，函数的返回值为指向该整型的指针，把该指针赋予指针变量 p。动态分配的内存单元没有名字，只能通过指针变量来引用，如果改变了指针的指向，那么原内存单元及所存储数据都将无法引用。有时不能确定大小时，可以采用 sizeof 运算符来求得。例如：

```
int *p = (int *)malloc(sizeof(int));
```

就表示由系统自动分配一个整型大小的空间，把空间的首地址赋给指针变量 p。

（2）calloc( ) 函数。调用形式如下。

```
( 类型说明符 *)calloc(n, size)
```

函数的功能是：在内存的存储区中分配 n 块长度为 size 个字节的连续区域，函数的返回值为该区域的首地址。它与 malloc( ) 函数的区别仅在于一次可以分配 n 块区域。

（3）释放内存空间函数 free( )。调用形式如下。

```
free(void *p);
```

函数的功能是：释放指针 p 所指向的一块内存空间，使这部分空间可由系统重新支配。p 是一个任意类型的指针变量，它指向被释放区域的首地址。被释放区应是由 malloc( ) 或 calloc( ) 函数所分配的区域。在释放过 p 所指空间后，在再次使用 p 之前，需要将其重新赋值，指向另外内存单元。

【例 8-20】 动态分配空间存储点的信息并输出。

算法分析如下。

动态分配内存的优点是能根据需要分配指定大小的存储空间，不会造成资源的浪费。程序运行时先让用户输入"点"的数量，再依此分配内存空间大小。注意保留返回的指针，以便不再使用该空间时及时进行释放。

对应的流程图如图 8-24 所示。

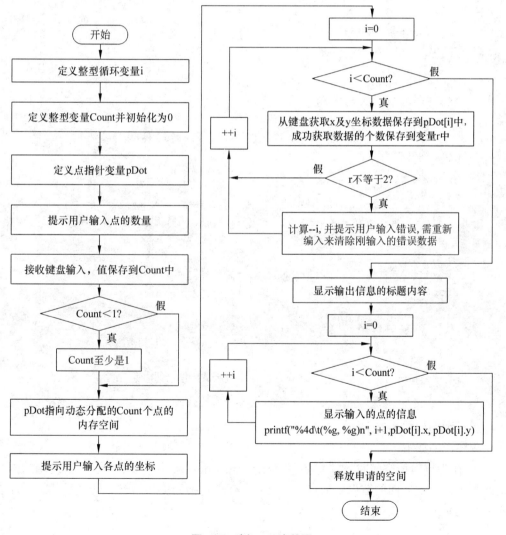

图 8-24 例 8-20 流程图

233

程序代码如下。

```
#include <stdio.h>
#include <malloc.h>
struct dot {                            //定义 dot 结构
    double x;
    double y;
};

void main()
{
    int i;                              //循环变量
    int Count;                          //"点"的个数
    struct dot *pDot;                   //指向存放"点"数据的指针
    printf(" 请输入 " 点 " 的数量: ");
    scanf("%d",&Count);                 //输入点的数量
    if(Count<1)Count=1;                 //最少一个点
    pDot=(struct dot *)calloc(Count,sizeof(struct dot));
                                        //动态分配所需内存以存放 Count 个点数据
    printf("\n 请依次输入各点的坐标，每行一个点，坐标间以逗号分隔: \n");
    for(i=0;i<Count;++i)
    {
        int r=scanf("%lf , %lf%*[^\n]", &pDot[i].x, &pDot[i].y);
        if(r!=2)
        {
            --i;
            printf(" 该点数据输入错误，请重新输入: \n");
            scanf("%*[^\n]");           //读取直到换行符的数据，所读数据无须保存
        }
    }
    printf("\n 输入的各点坐标信息如下: \n\n 点编号 \t 点坐标 \n================\n");
    for(i=0;i<Count;++i)
    {
        printf("%4d\t(%g, %g)\n",i+1, pDot[i].x, pDot[i].y);
                                        //显示输入的点数据信息
    }
    free(pDot);                         //释放所申请的内存空间
}
```

运行示例如图 8-25 所示。

程序说明如下。

① 在为点申请空间时，注意要用 sizeof(struct dot) 来计算每个"点"所占用的内存空间大小，分配返回的结果要通过 (struct dot *) 进行强制类型转换，转换后的结果才能赋值给 pDot。

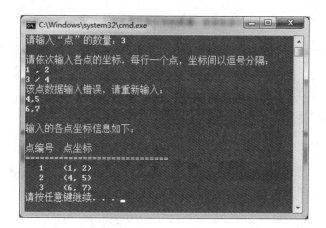

二级指针

图 8-25　动态分配内存空间及释放

② 在输入点坐标时，格式串是"%lf,%lf%*[^\n]"，其中，%[^\n] 表示接收字符直到遇到换行符；* 表示该格式说明符接收的数据不保存到变量中；[^\n] 是正则表达式，表示非换行的字符。加 %*[^\n] 主要是忽略点信息行中的多余数据，比如若用户输入"3,4 78"，会正确接收 3 和 4，而把 78 过滤掉，保证后面数据输入的正确性。

③ 当接收数据个数不是 2 时，说明数据输入不正确，比如若用户输入 3/4，就违反了用逗号隔开数据的要求，实际只接收了数据 3，此时字符"/4"仍然留在键盘缓冲区中，在重新输入数据之前，必须将键盘缓冲区的内容清空，所以需要使用"scanf("%*[^\n]");"将键盘缓冲区中的字符读出来，直到遇到换行符为止。

8.2　模块实现：用指针实现查询、修改、添加、删除学生成绩

在任务 7 中介绍了利用结构体对学生成绩管理系统进行优化，下面要用结构体指针变量来改写子函数。

1. 录入学生成绩

```
int mycreat(int xueshengnumber,struct student *p)
{
    struct student temp;
    int x;
    ...
    /*原来输入学生成绩时，像姓名、学号等均分别由不同的变量来完成输入，在这里使用
     一个结构体变量 temp 来实现，做如下修改：
        tempname 变成 temp.name;tempnumber 变成 temp.number;
        tempeng 变成 temp.scor_eng;tempmaths 变成 temp.scor_math;
        tempphysics 变成 temp.scor_phy;
```

235

```
    */
    ...
    while(temp.name[0]!='#' && temp.number[0]!='#') {
        *p=temp;
        p++;
        xueshengnumber++;
        ...
    }
    return (xueshengnumber);
}
```

2. 显示学生成绩

```
void myshow(int xueshengnumber,struct student *p)
{
    struct student *q;
    if(xueshengnumber==0)        printf("请先录入学生成绩,再显示学生成绩 \n");
    else{
        ...
        for(q=p;q<p+xueshengnumber;q++){
            printf("%-19s",q->name);
            printf("%-19s",q->number);
            printf("%-13f",q->scor_eng);
            printf("%-13f",q->scor_math);
            printf("%-13f",q->scor_phy);
            printf("\n");
        }
    }
}
```

3. 查询学生成绩

```
void myselect(int xueshengnumber,struct student *p)
{
    struct student *q;
    ...
    for(q=p;q<p+xueshengnumber;q++) {
        if(strcmp(q->number,tempnumber)==0)
            break;
    }
    if(q==p+xueshengnumber)    printf("查询结果无此学生 \n");
    else {
        printf("查询结果: \n");
        ...
        printf("%-19s",q->name);
```

```
            printf("%-19s",q->number);
            printf("%-13f",q->scor_eng);
            printf("%-13f",q->scor_math);
            printf("%-13f",q->scor_phy);
        printf("\n");
    }
}
```

4. 修改学生成绩

```
void mymodify(int xueshengnumber,struct student *p)
{
    struct student *q;
    ...
    for(q=p;q<p+xueshengnumber;q++) {
        if(strcmp(q->number,tempnumber)==0)
          break;
    }
    if(q==p+xueshengnumber)      printf("没有查询到此学生 \n");
    else {
            ...
            strcpy(q->name,tempname);
            strcpy(q->number,tempnumber);
            q->scor_eng=tempenglish;
            q->scor_math=tempmaths;
            q->scor_phy=tempphysics;
        }
}
```

5. 添加学生记录

```
int myadd(int xueshengnumber,struct student *p)
{
    struct student *q;
    ...
    for(q=p;q<p+xueshengnumber; ){
        if(strcmp(q->number,tempnumber)==0){
            printf("该学号已经存在，请重新输入要添加的学号 :");
            do{
                gets(tempnumber);
                q=p;
            }while(strcmp(tempnumber,"")==0);
        }
        else q++;
    }
```

```
    if(q==p+xueshengnumber){
        ...
        strcpy(q->name,tempname);
        strcpy(q->number,tempnumber);
        q->scor_eng=tempenglish;
        q->scor_math=tempmaths;
        q->scor_phy=tempphysics;
        xueshengnumber++;
    }
    return xueshengnumber;
}
```

6. 删除学生记录

```
int mydelete(int xueshengnumber,struct student *p)
{
    struct student *q;
    ...
    for(q=p;q<p+xueshengnumber;q++){
        if(strcmp(q->number,tempnumber)==0)
            break;
    }
    if(q<p+xueshengnumber){
        if(q+1==p+xueshengnumber)    xueshengnumber--;
        else {
                for(;q<p+xueshengnumber-1;q++)
                    *q=* (q+1);
                xueshengnumber--;
        }
    }
    else    printf("没有查询到要删除的学生 \n");
    return xueshengnumber;
}
```

7. 排序学生成绩

```
void mysort(int xueshengnumber,struct student *p)
{
    struct student temp;
    ...
    for(i=0;i<xueshengnumber-1;i++){
        k=i;
        for(j=i+1;j<xueshengnumber;j++){
            if(strcmp((p+k)->number,(p+j)->number)>0){
                k=j;
```

```
            temp=*(p+k);
            *(p+k)= *(p+i);
            *(p+i)=temp;
         }
      }
   }
}
```

8.3 自学与拓展

1. 指针与二维数组

（1）二维数组的地址。二维数组在概念上是二维的，即是说其下标在两个方向（行、列）上变化，但是在内存中，它是按一维排列的。也就是说，它为第一行的数组元素分配完空间，再分配下一行，直到全部分配，每个数组元素在内存中都占用存储单元，它们都有相应的地址。

例如，"int a[3][3] = {{1,2,3}, {4,5,6}, {7,8,9}};"的变量存储效果如图 8-26 所示。

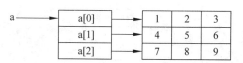

图 8-26　二维数组示意图

a 为二维数组名。图 8-10 中的 a[i]（i = 0,1,2）是每一行元素构成的一维数组的数组名。每个二维数组也可以看作由多个一维数组构成，有 a[0]、a[1]、a[2] 三个元素。这里的 a[i] 不是一个普通的数组元素，而是又一个一维数组，分别指向每一行。按照数组名是数组元素的首地址来看，a 即 a[0] 的地址，那么 a+i 就相当于指向下一个元素，即 a[i] 的地址。而 a[i] 的地址应该是多少呢？

由于 a[i] 是每一行元素构成的一维数组的数组名，则 a[i] 的值就应该是数组中第一个元素的地址。如 a[1] 由 a[1][0]、a[1][1]、a[1][2] 三个元素构成，a[1] 的值就应该是 a[1][0] 的地址，即 &a[1][0]。a[i]+j 就该指向 a[i] 数组的第 j 个元素了，即 &a[i][j]。

所以 a 的值就是 &a[0][0]，a[i] 的值就是 &a[i][0]，a+i 指向第 i 行，a[i]+j 指向第 i 行的第 j 个元素。

（2）指向二维数组的指针。由以上分析可知，a、a[i] 均为指针，a 的基类型为一个具有三个整型元素的数组，a[i] 的基类型为整型。

如果让一个指针变量指向整型二维数组 a[M][N]，那么可以定义如下。

```
int (*p)[N] = a;
```

下述定义就是错误的。

```
int *q = a;
```

因为基类型不一致，q 只能指向整型变量。

2. 指针与字符串数组

在日常应用中经常会有这样的例子：如对多个学生的信息按照姓名进行排序，姓名是用字符串来存储的，那如何进行多个字符串的排序呢？

这里就引入了一个字符串数组的概念，即有一个数组，其元素为多个字符串。字符串又可以由一个字符指针变量表示。所谓字符串数组也即是由字符指针变量组成的一个数组。其定义的一般形式如下：

```
char * 数组名 [ 数组长度 ];
```

数组名代表字符串数组的首地址，数组中每一个元素也是一个指向字符串的指针变量（地址）。

【例 8-21】 根据用户输入的血型，输出对应的性格信息。

对应的流程图如图 8-27 所示。

程序代码如下。

```
#include <stdio.h>
#include <string.h>
void main()
{
    int i;
    char xx[4];                          //存放用户输入的血型
    char *s[]={"A","B","O","AB"};        //已知的血型
    char *m[]={                          //各种血型的性格信息
        "A型：你喜欢融洽、安静和井井有条的环境。你与他人能形成良好的人际关系，你敏感、耐心和具有亲和力。你的弱点包括倔强和不会让自己放松。\n",
        "B型：你有点个人主义，为人坦率，喜欢以自己的方式做事。你具有创造性和灵活性，能轻松适应任何环境。但是如果你坚持过于独立的做事方式，这可能成为你的弱点。\n",
        "O型：你有领导欲，对于想要得到的东西，不达目标决不罢休。你是个领导新潮流的人，为人忠诚、热情、自信。你的弱点是虚荣，有嫉妒心以及过于要强。\n",
        "AB型：你属于那种冷静和克制力很强的人。一般来说，你比较讨人喜欢，能让其他人放松。你聪明、漂亮，天生具有演艺工作者的素质。但是你有时显得冷淡和优柔寡断。\n",
        "你输入的可能是外星人的血型，没有找到相应的信息！\n"
    };
    printf("请输入你的血型：");
    scanf("%3s%*[^\n]",xx);              //最多接收 3 个字符，并忽略其他
                                         多余的输入
    strupr(xx);                          //转换成大写
    for(i=0;i<4;i++)
    {
```

```
        if(strcmp(s[i],xx)==0) break;          //与已知的血型字符串比较
    }
    printf("\n    %s",m[i]);                    //显示相应的性格信息
}
```

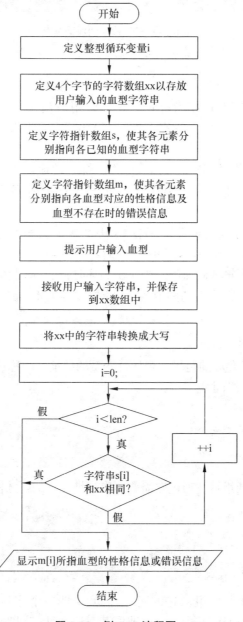

图 8-27 例 8-21 流程图

程序运行结果如图 8-28 所示。

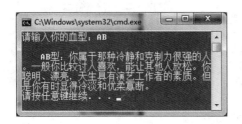

图8-28　显示输入的血型信息

程序说明：

① scanf("%3s%*[^\n]",××) 表示最多接收用户输入的 3 个字符并存储到数组 ×× 中，会自动添加字符串结束标记。比如若用户输入"ABCED"，实际存储的是"ABC\0"；若输入"AB CDE"，则存储的是"AB\0"，因为 %s 一旦遇到空白，就认为输入结束。

② strupr(××) 是将数组 ×× 中存放的字符串转换成大写，比如若 ×× 存放的是"ab\0"，则转换后就变成了"AB\0"，转换是针对英文字母来说的，其他的字符不做改变。

③ strcmp(s[i],××) 是完成两个字符串 s[i] 和 ×× 大小的比较，返回整数值。若前者大于后者，返回 1；等于后者返回 0；小于后者返回 –1。

④ 若能找到用户所输入的血型，则跳出循环时，变量 i 的值等于 0、1、2、3，m[i] 正好对应血型的信息；若找不到则退出循环时，i 等于 4，m[4] 正好对应"未知血型"的信息。

3. 指向指针的指针

如果一个指针变量存放的是另一个指针变量的地址，则称这个指针变量为指向指针的指针变量，也称为二级间址。

例如：

```
int a, *p1, **p2;
a = 20;  p1 = &a;  p2 = &p1;
```

p2 就是指向指针的指针，通过它需要两次寻址（**p2）才能访问到变量 a。

```
char *name[] = {"zhao", "qian", "sun", "li", "zhou", "wu", "zheng", "wang"};
char **q;
q = name+2;          /* q指向字符串 "sun" */
puts(*q);            /* 输出 sun */
```

name 是一个字符串数组，它的每一个元素是一个字符指针型，其值为地址。name+2 指向 name 中第 i 个字符串，*q 即取其对应地址，即 "sun" 的首地址，通过 puts 函数即可将其输出。

程序与人生

细节决定成败

通过本任务中有关指针内容的学习，同学们已经完成了 C 语言程序中最艰难的一部分，相信有不少同学已经被指针中的那些"取地址""取值"折腾得头昏脑涨，也许有些同学现在编程时还会在"值的传递""指针的指向"上不停地犯错误，到底原因何在呢？

其实，指针这部分内容的真正核心就是两个字——细节。两个小小的符号"*"和"&"构成了本任务的全部。是指向还是取地址，是用"*"还是用"&"，必须在编程之前考虑清楚。人们常说"细节决定成败"，这句话在指针的学习中尤为明显。"*P"和"&P"之间可谓是"失之毫厘，谬以千里"。

1961 年 4 月 12 日，苏联宇航员加加林乘坐 4.75 吨重的"东方1号"航天飞船进入太空遨游了 89 分钟，成为世界上第一位进入太空的宇航员。他为什么能够从 20 多名宇航员中脱颖而出？原来，在确定人选前一个星期，航天飞船的主设计师罗廖夫发现，在进入飞船前，只有加加林一个人脱下鞋子并只穿袜子进入座舱。就是这个细小的举动一下子赢得了罗廖夫的好感，他感到这个 27 岁的青年既懂规矩，又如此珍爱他为之倾注心血的飞船，于是决定让加加林执行人类首次太空飞行的神圣使命。加加林通过一个不经意的细节，表现了他珍爱他人劳动成果的修养和素质，也使他成为遨游太空的第一人。

推而广之，同学们在将来走上自己的工作岗位上同样如此。做一项工作，不仅要考虑清楚工作的目的、内容、内外部制约因素，还需要考虑好工作时可能涉及的各种细节。许多职场新人在工作完成之后往往发现：力气费了，目标达成了，效果却得不到领导和同事的认可。究其原因，才发现细节没有做好。周恩来总理曾经说过一句话："世间的事情，大道理管着小道理。"许多事情看起来风马牛不相及，但究其本质才会发现，事物之间是相通的。就像 *P 和 &P，细节决定程序结果是否正确，细节同样决定你的工作成败。

习　题

一、选择题

1. 有说明语句"double a, *p;"，能通过 scanf( ) 函数正确完成输入的程序段是(　　)。
   A. *p = &a; scanf("%lf", p);　　　　B. *p = &a; scanf("%f", p);
   C. p = &a; scanf("%lf", *p);　　　　D. p = &a; scanf("%lf", p);

2. 已有定义为 "int i, a[10], *p;"，则合法的赋值语句是 (　　)。
   A. p = 100;　　B. p = a[5];　　C. p = a[2]+2;　　D. p = a+2;

3. 定义语句 "int n1 = 0, n2, *p = &n2, *q = &n1;"，以下赋值语句中与 "n2 = n1;" 语句等价的是 (　　)。
   A. *p = *q;　　B. p = q;　　C. *p = &n1　　D. p = *q;

4. 有如下说明和定义语句：

```
struct student {
    int age; char num[8];
};
struct student stu[3]={{20,"200401"},{21,"200402"},{19,"200403"}};
struct student *p=stu;
```

以下选项中引用结构体变量成员的表达式错误的是（　　　）。

 A. (p++)->num B. p->num   C. (*p).num   D. stu[3].age

5. 下列程序的输出结果是（　　　）。

```
main()
{
    int x[8]={8,7,6,5,0,0},*s;
    s=x+3;
    printf("%d\n",s[2]);
}
```

 A. 随机值   B. 0   C. 5   D. 6

6. 有语句"int x[5]={1,2,3,4,5},*p=x,i;"，要求依次输出数组中元素的值，下面不能完成此操作的语句是（　　　）。

 A. for(i=0;i<5;i++) printf("%4d", *(p++));

 B. for(i=0;i<5;i++) printf("%4d", *(p+i));

 C. for(i=0;i<5;i++) printf("%4d", *p++);

 D. for(i=0;i<5;i++) printf("%4d",(*p)++);

7. 若有如下程序，选项中表达式的值为 11 的是（　　　）。

```
struct st {
    int  x;
    int  *y;
} *pt;
int a[]={1,2}, b[]={3,4};
struct st c[2]={10,a,20,b};
pt=c;
```

 A. *pt->y   B. pt->x   C. ++pt->x   D. (pt++)->x

二、填空题

1. 若有如下函数首部：

```
int f(int x[10], int n);
```

请写出针对此函数的声明语句：_____。

2. 设有定义"int n, *k = &n;"，请写出利用指针变量 k 读写变量 n 中的内容的语句：

_____。

3. 下列程序的输出结果是_____。

```c
#include <stdio.h>
#include <string.h>
void f(char *s, char *t)
{
  char k;
  k=*s; *s=*t; *t=k;
  s++; t--;
  if (*s) f(s, t);
}
main()
{
  char str[10]="abcdefg", *p ;
  p=str+strlen(str)/2+1;
  f(p, p-2);
  printf("%s\n",str);
}
```

4. 下列程序的输出结果是_____。

```c
#include <stdio.h>
#include <string.h>
typedef struct{ char name[9];char sex; float score[2]; } STU;
STU f(STU a)
{
    STU b={"Zhao",'m',85.0,90.0}; int i;
    strcpy(a.name,b.name);
    a. sex=b.sex;
    for(i=0;i<2;i++) a.score[i]=b.score[i];
    return    a;
}
main()
{
    STU   c={"Qian",'f',95.0,92.0},d;
    d=f(c);
    printf("%s,%c,%2.0f,%2.0f\n",d.name,d.sex,d.score[0],d.score[1]);
}
```

三、编程题

1. 用指针编写排序算法。

2. 将数组中的元素颠倒存放。要求使用子函数和指针。

3. 编写一子函数,完成如下功能。

输入若干不同字符,以"#"结束,将其中数字和字母按原有顺序分开存放到两个字符串中,在主函数中将其输出。

例如，输入：

```
a123b23.26@_@12acdf#
```

则分成两个字符串：

```
abacdf
123232612
```

4. 将例 8-18 加以完善，可以利用子函数完成修改、按姓名排序等功能。

任务9　用文件完善学生成绩管理系统

 学习情境

　　前面几个任务中实现的学生成绩管理系统中的数据无法保存，如果程序一关闭，那么已经录入的学生信息就会消失，下次打开程序后还得重新录入。而通过文件类型可以实现保存数据的功能。

　　如图 9-1 所示的是在程序中输入学生信息后，通过显示命令所产生的结果和在硬盘上（F:\jilu.txt）生成的对应文件。

```
请输入要添加的第1个记录：
姓名<用#结束>：
Tom
学号<用#结束>：
1
英语成绩：
100
数学成绩：
100
物理成绩：
100
请输入第2个记录：
姓名<用#结束>：
Jerry
学号<用#结束>：
2
英语成绩：
90
数学成绩：
90
物理成绩：
90
请输入第3个记录：
姓名<用#结束>：
#
```

(a) 录入两个学生成绩

```
请输入第3个记录：
姓名<用#结束>：
#
学号<用#结束>：

英语成绩：
0
数学成绩：
0
物理成绩：
0
```

(b) 在录入第三个学生成绩时以 "#" 结束

图 9-1　操作学生信息

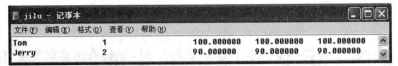

(c) 录入学生成绩后在硬盘上生成的文件内容

(d) 显示学生成绩

(e) 查询学生成绩

(f) 修改学生成绩

(g) 修改学生成绩后在硬盘上生成的文件内容

(h) 添加学生记录

(i) 添加学生成绩后在硬盘上生成的文件内容

(j) 删除学生记录

图 9-1（续）

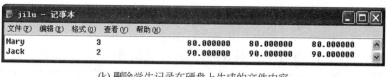

(k) 删除学生记录在硬盘上生成的文件内容

(l) 排序学生记录

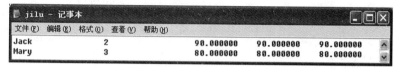

(m) 对学生记录排序后，在硬盘上生成的文件内容

图 9-1 （续）

9.1　任务学习引导

在此之前，所有的输入/输出只涉及键盘和显示器。在运行程序时通过键盘输入数据，并借助显示器把程序的运算结果显示出来，但数据不能长期保存，关机后数据就会丢失。本节将介绍如何利用文件把数据存储起来，以便于访问。

9.1.1　文件的概念

所谓文件，一般是指存储在外部介质上数据的集合。这个数据集有一个名称，称为文件名。实际上在前面的学习中已经多次使用了文件，例如源程序文件、目标文件、可执行文件、库文件（头文件）等。外部介质有硬盘、U 盘、光盘等。

文件的概念

操作系统是以文件为单位对数据进行管理的，也就是说，如果想找存在外部介质上的数据，必须先按文件名找到指定的文件，然后从该文件中读取数据。要向外部介质上存储数据也必须先建立一个文件（以文件名标识），然后才能向它输出数据。

为了简化用户对输入和输出设备的操作，操作系统把与主机相连的各种设备都作为文件来处理，这类文件被称为设备文件。如键盘就是标准输入文件，显示器为标准输出文件。从键盘上输入就意味着从标准输入文件上输入数据，scanf( )、getchar( ) 函数就属于这类输入。在屏幕上显示有关信息就是向标准输出文件输出，printf( )、putchar( ) 函数就是这类输出。

在程序运行时，将一些数据（运行的最终结果或者中间数据）输出到磁盘上保存起来，以后需要时再从磁盘中输入计算机内存，这就需要利用磁盘文件，也就是通常所说的文件。

C语言将文件看作由若干字符（字节）组成的序列。每一字节放一个字符的ASCII代码的文件被称为ASCII码文件，或者文本文件。按照内存中的存储形式原样存储到外部介质上的文件就被称为是二进制文件。如有一个short型整数10000，在内存中占2B，如果按ASCII码形式，则要输出5B（每个字符占1字节），如图9-2所示。

图9-2　数据在两种不同文件中的表示形式

由图9-2来看，二进制形式文件直接把内存中的存储形式输出到外存上，处理速度较快，也比较节省空间，但是不利于阅读，一般作为中间结果或者不想让他人直接看到的可以用这种方式存储；ASCII形式的文件，存入和输出需要经过ASCII码和二进制之间的转换，但是可以直接通过文本方式打开，利于阅读。所以选择哪种存储方式可以视需要而定。

9.1.2　文件指针

当使用一个文件时，操作系统就会为该文件在内存中开辟一个区域来存放该文件的相关信息，如文件的名字、状态、位置等，这些信息保存在一个结构体变量中。该结构体类型是由系统声明的，取名为FILE。每一个FILE类型变量都用来存放由编译系统自动放入的对应文件的相关信息，这些信息用户不必去了解其中的细节。

C语言里的stdio.h头文件中有其类型声明。在程序中可以直接使用FILE类型名定义变量。例如：

```
FILE f;
```

但使用时通常并不这么定义，而是通过一个指向FILE类型的指针变量来定义。一般形式如下：

```
FILE *fp;
```

fp就是被定义为指向文件类型的指针变量，即文件指针。通过文件指针就可对它所指的文件进行各种操作。

9.1.3 文件的基本操作

与文件有关的函数

定义了文件指针后，就可以通过文件指针来打开文件，然后才能对文件进行其他操作，使用完毕后，最后通过文件指针进行关闭。本节将介绍文件的基本操作，它们都是通过 C 语言的库函数完成的。

1. 文件的打开函数

（1）用法。fopen 函数用来打开一个文件。其调用的一般形式如下。

```
文件指针名 = fopen( 文件名 ， 使用文件方式 );
```

其中：

① "文件指针名" 必须是被说明为 FILE 类型的指针变量。

② "文件名" 是被打开文件的文件名，"文件名" 是字符串常量或字符串数组，即可以是绝对路径，如 "D:\\ex\\c\\1.txt"。

也可以是相对路径，即可执行文件所在路径下的文件，如 1.txt。

③ "使用文件方式" 是指文件的类型和操作要求。使用文件的方式共有 12 种，表 9-1 给出了相应的符号、含义和说明。

表 9-1　使用文件方式

ASCII 码文件	二进制文件	含　义	对指定文件要求
r	rb	只读，注意此方式下该文件必须存在，否则将会出错	须存在
w	wb	只写，若要打开的文件不存在，就创建此文件；若存在，则删除该文件，重建一个新文件	无则建，有则删
a	ab	向文件尾追加数据，注意此方式下该文件必须存在，否则将会出错	无则建
r+	rb+	读/写一个已存在的文件	须存在
w+	wb+	为读/写创建一个文件	无则建，有则删
a+	ab+	读/写一个已存在的文件	无则建

例如：

```
FILE *fp;
fp = ("file1","r");
```

其意义是在可执行文件所在目录下打开文件 file1，只允许进行 "读" 操作，并使 fp 指向该文件。

（2）功能。返回一个指向指定文件的指针。

（3）说明包括以下方面。

① 在打开一个文件时，如果出错，fopen( ) 将返回一个空指针值 NULL。在程序中可以用这一信息来判别是否完成打开文件的工作，并做相应的处理。出错有多种原因，如磁盘故障或磁盘已写满。另外，在表 9-1 中，指定文件须是存在的，如果不存在均会出错，例如，用只读方式打开一个不存在的文件等。故为增强程序的可靠性，常用下面的方法打开一个文件。

```
if((fp = fopen("d:\\ex\\c\\1.txt ","r")) == NULL) {
      printf("Cannot open this file!\n");
      exit(1);
}
```

这段程序的意义是：如果返回的指针为空，表示不能正常打开文件，则给出提示信息。Exit( ) 是定义在 stdlib.h 头文件里的函数，其作用是关闭程序已经打开的所有文件，参数为 0 时，表示程序正常退出，非 0 时表示出错后退出。

② 当程序开始运行，系统就打开 3 个文件指针，分别如下。

- stdin：对应标准输入文件（键盘）。
- stdout：对应标准输出文件（显示器）。
- stderr：对应标准出错输出（出错信息）。

它们可直接使用。它们是文件指针常量，不能更改文件指针名。

2. 文件的关闭函数

（1）用法。fclose() 函数用来打开一个文件。其调用的一般形式如下。

```
fclose( 文件指针名 );
```

例如：

```
fclose(fp);
```

（2）功能。关闭文件指针所指向的文件。正常完成关闭文件操作时，fclose() 函数返回值为 0，返回 EOF（即 –1）则表示有错误发生。

（3）说明。文件一旦使用完毕，应该用关闭文件函数把文件关闭，以避免文件的数据丢失等错误。关闭就是系统释放存放该文件的相关信息等内存区域，使文件指针与文件脱钩。

3. 格式化读函数

（1）用法。fscanf( ) 函数用来打开一个文件。其调用的一般形式如下。

```
fscanf( 文件指针名，格式字符串，输入表列 );
```

例如：

```
fscanf(fp, "%d%s", &i, s);
```

（2）功能。从文件中按照一定格式读取数据到指定变量。

（3）说明。它与 scanf( ) 函数的功能相仿，都是格式化读。只不过 scanf( ) 函数是从标准输入（键盘）得到数据，而 fscanf( ) 函数是从文件中（通过文件指针）得到。要注意指定文件必须是以只读或读写方式打开的。

【例 9-1】 从文件 D:\Dots.txt 中读取点的坐标值并显示。每行一个点的坐标，x 及 y 坐标间以逗号分隔。

对应的流程图如图 9-3 所示。

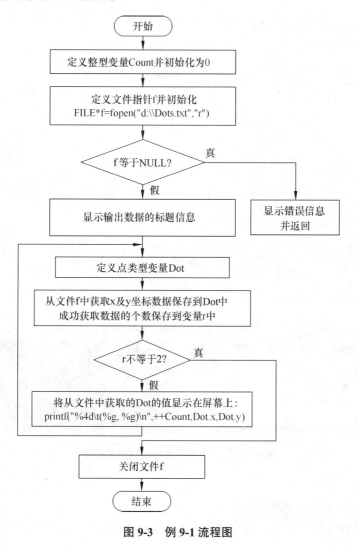

图 9-3 例 9-1 流程图

程序代码如下。

```
#include <stdio.h>
struct dot {                    //定义 dot 结构
    double x;
    double y;
```

```
};
void main()
{
    int Count=0;                                //点的编号
    FILE *f=fopen("d:\\Dots.txt","r");          //打开文件
    if(f==NULL)                                 //文件打开失败
    {
        printf(" 文件打开失败 ~~~\n");
        return;
    }
    printf(" 点编号 \t 点坐标 \n=========================\n");
    while(1)
    {
        struct dot Dot;                         //定义"点"变量
        int r=fscanf(f,"%lf , %lf",&Dot.x, &Dot.y);   //从文件中读数据
        if(r!=2) break;         //没有读到要读的数据个数，结束
        printf("%4d\t(%g, %g)\n",++Count,Dot.x,Dot.y);
                                //显示读到的坐标信息
    }
    fclose(f);
}
```

运行结果如图 9-4 所示。

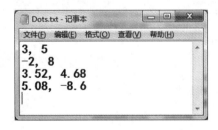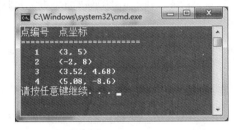

图 9-4 从文件中格式化读数据并显示

程序说明：

① 文件操作时一定要检测文件是否成功打开。

② "\" 是转义字符的引导符，所以字符串中要表示 "\"，必须要双写，比如文件名 "d:\\Dots.txt"。

③ fscanf( ) 函数和 scanf( ) 函数很相似，只是前者表示从文件中获取信息，其函数的第一个参数是 FILE 指针，表示要获取的数据的来源。

4. 格式化写函数

（1）用法。fprintf( ) 函数用来打开一个文件。其调用的一般形式如下。

```
fprintf( 文件指针名 , 格式字符串 , 输出表列 );
```

例如:

```
fprintf(fp, "%d%s", i, s);
```

（2）功能。将数据从内存中按照一定格式输出到文件中。

（3）说明。它与 printf( ) 函数的功能相仿，都是格式化写。只不过 printf( ) 函数是向标准输出（显示器）写数据，而 fprintf( ) 函数是向磁盘文件中（通过文件指针）写。要注意指定文件必须是以写、读写或追加方式打开的。

【例 9-2】 从键盘上输入点的坐标，并添加到 D:\Dots.txt 文件中。

算法分析如下。

因为要想文件中添加数据，所以文件必须是存在的，并且不能损坏文件原来的数据，可以使用 "a" 来打开文件。当文件不存在时，会创建该文件并打开。

对应的流程图如图 9-5 所示。

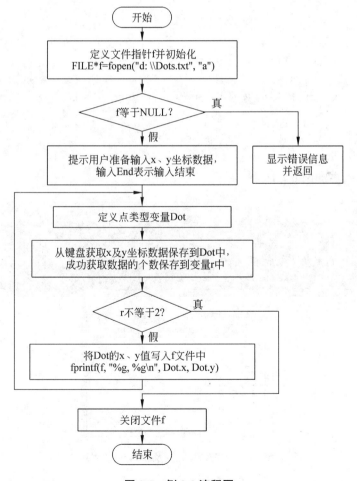

图 9-5　例 9-2 流程图

程序代码如下。

```
#include <stdio.h>
struct dot {                                          //定义dot结构
    double x;
    double y;
};

void main()
{
    FILE *f=fopen("d:\\Dots.txt","a");                //打开文件以添加新的数据
    if(f==NULL)                                        //文件打开失败
    {
        printf(" 文件打开失败 ~~~\n");
        return;
    }
    printf(" 请输入点的坐标，x 及 y 坐标间以逗号分隔，输入 End 表示结束：\n");
    while(1)
    {
        struct dot Dot;                                //定义 "点" 变量
        int r=scanf("%lf , %lf",&Dot.x, &Dot.y);       //从文件中读数据
        if(r!=2)break;                                 //没有读到要读的数据个数，结束
        fprintf(f,"%g, %g\n", Dot.x, Dot.y);           //显示读到的坐标信息
    }
    fclose(f);
}
```

程序运行结果如图 9-6 所示。

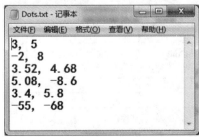

图9-6　格式化写数据及新的文件内容

程序说明:

fprintf( ) 函数和 printf( ) 函数操作相同,只是后者将信息显示在屏幕上,而前者将信息写到指定的文件中。写到文件中和写到屏幕上的信息格式是完全一样的。

【例 9-3】 在一文本文件 D:\Expression.txt 中有若干表达式,试计算表达式的值,并将表达式及结果保存到文件 D:\Result.txt 中。

算法分析如下。

表达式有两个操作数,操作数中间是运算符,比如"6+8",关键是如何从文件中依次把"数据、运算符、数据"正确地读出来,然后根据不同的运算符计算出不同的结果,并将信息记录到新的文件中。

对应的流程图如图 9-7 所示。

程序代码如下。

```c
#include <stdio.h>
void main()
{
    FILE *fin,*fout;
    double n1,n2,n3;                              //两个操作数及结果
    char c;                                       //存放运算符
    fin=fopen("d:\\Expression.txt","r");          //打开文件用于读
    fout=fopen("d:\\Result.txt","w");             //打开文件用于写
    if( fin==NULL || fout==NULL ) return;         //失败则结束
    while(1)
    {
        int n=fscanf(fin,"%lf %c %lf",&n1,&c,&n2);   //读取数据

        if(n!=3)break;                            //没有成功读到需要的数据则退出
        switch(c)                                 //根据运算符进行计算
        {
        case '+': n3=n1+n2; break;
        case '-': n3=n1-n2; break;
        case '*': n3=n1*n2; break;
        case '/': n3=n1/n2; break;
        }
        printf("%g %c %g = %g\n",n1,c,n2,n3);          //在屏幕上显示计算结果
        fprintf(fout,"%g %c %g = %g\n",n1,c,n2,n3); //将计算结果写入文件
    }
    fclose(fin);
    fclose(fout);
}
```

程序运行结果如图 9-8 所示。

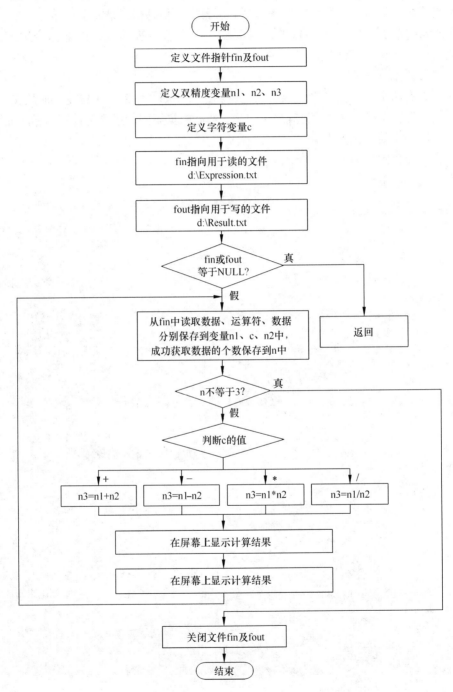

图9-7　例9-3流程图

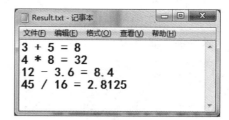

图 9-8　从文件中读取表达式并将计算结果保存到文件中

程序说明：

在从文件中读取表达式时，格式说明符 "%lf %c %lf" 中出现了两个空白，这使文件中读取的表达式更加灵活，比如 56+78，下面的几种格式都能正确读取：

```
56+78
56 +78
56+  78
56  +  78
```

9.2　模块实现：用文件完善学生成绩管理系统

在前面任务中介绍了如何实现学生成绩管理系统中的主菜单，本节要完成学生成绩管理系统的主菜单选择功能。

1. 对子函数的调用

改变原来的调用方式，例如：

```
xueshengnumber=mycreat(xueshengnumber,record);
```

改成：

```
mycreat();
```

相应的函数声明如下：

```
void mycreat();
```

其他的以此类推，下面给出子函数声明。

```
void printmenu();
void myshow();
void myselect();
void mymodify();
void myadd();
void mydelete();
void mysort();
```

2. 利用文件对子函数进行改写

（1）录入学生成绩。

```
void mycreat()
{
    struct student temp;
    int x, n = 0;
    FILE *fp;
    fp=fopen("F:\\jilu.txt","a");
    if(fp==NULL){
        printf(" 打开文件失败 \n");
        return;
    }
    printf(" 请输入要添加的第 %d 个记录 :\n",n+1);
    ...
    while(temp.name[0]!='#' && temp.number[0]!='#') {
        fprintf(fp,"%-19s%-19s%-13f%-13f%-13f\n",temp.name,temp.
number,temp.scor_eng,temp.scor_math,temp.scor_phy);
        n++;
        printf(" 请输入第 %d 个记录 :\n",n+1);
        printf(" 姓名 ( 用 # 结束 ):\n");
        ...
    }
    fclose(fp);        //替换原来的 "return (xueshengnumber);" 语句
}
```

（2）显示学生成绩。

```
void myshow()
{
    int n=0;
    struct student *q;
    FILE *fp;
    fp=fopen("F:\\jilu.txt","r");
    if(fp==NULL){
        printf(" 打开文件失败 \n");
        return;
    }
    printf(" 显示所有学生成绩 \n");
    printf(" 姓名      学号      英语成绩      数学成绩      物理成绩 \n");
    while(!feof(fp)){
        fscanf(fp,"%19s%19s%13f%13f%13f",&temp.name,&temp.number,
            &temp.scor_eng,&temp.scor_math,&temp.scor_phy);
        printf("%-19s%-19s%-13f%-13f%-13f\n",temp.name,temp.number,
            temp.scor_eng,temp.scor_math,temp.scor_phy);
```

```
            n++;
        }
        if(n==0)  printf(" 文件中无记录! \n");
        fclose(fp);
    }
```

（3）查询学生成绩。

```
void myselect()
{
    FILE *fp;
    int flag=0,n=0;
    struct student temp;
    char tempnumber[20];
    fp=fopen("F:\\jilu.txt","r");
    if(fp==NULL){
        printf(" 打开文件失败 \n");
        return;
    }
    printf(" 请输入要查询的学生学号: ");
    do{
        gets(tempnumber);
    }while(strcmp(tempnumber,"")==0);
    while(!feof(fp)){
        fscanf(fp,"%19s%19s%13f%13f%13f",&temp.name,&temp.number,
            &temp.scor_eng,&temp.scor_math,&temp.scor_phy);
        if(strcmp(temp.number,tempnumber)==0){
            if(flag==0){
                printf(" 姓名     学号     英语成绩     数学成绩     物理成绩 \n");
                printf("%-19s%-19s%-13f%-13f%-13f",temp.name,temp.number,
                    temp.scor_eng,temp.scor_math,temp.scor_phy);
                printf("\n");
                flag=1;
            }
            n++;
        }
    }
    if(n==0)  printf(" 文件中无记录 \n");
    else if(flag==0) printf(" 文件中无此人 ");
    fclose(fp);
}
```

（4）修改学生成绩。

```
void mymodify()
{
```

```
    FILE *fp;
    int x,n=0;
    struct student *p,record[100],temp;
    fp=fopen("F:\\jilu.txt","r");
    if(fp==NULL){
        printf(" 打开文件失败 \n");
        return;
    }
    p=record;
    while(!feof(fp)){
        fscanf(fp,"%19s%19s%13f%13f%13f",&p->name,&p->number,
                &p->scor_eng,&p->scor_math,&p->scor_phy);
        p++;
        n++;
    }
    fclose(fp);
    if(n==0){
        printf(" 文件中无记录 \n");
        return;
        }
    printf(" 请输入要修改的学生学号: ");
    ...
    for(p=record;p<record+n;p++){
        if(strcmp(p->number,temp.number)==0)
        break;
    }
    if(p==record+n)   printf(" 没有查询到此学生 \n");
    else {
            ...
            printf(" 请输入正确的物理成绩 :");
            do{
                ...
            } while(tempphysics>100.0 || tempphysics<0.0 || x==0);
            *p=temp;
    }
    fp=fopen("F:\\jilu.txt","w");
    if(fp==NULL){
        printf(" 打开文件失败 \n");
        return;
    }
    for(p=record;p<record+n;p++)
        fprintf(fp,"%-19s%-19s%-13f%-13f%-13f\n",p->name,p->number,
                p->scor_eng,p->scor_math,p->scor_phy);
    fclose(fp);
}
```

（5）添加学生记录。

```
int myadd()
{
    FILE *fp;
    struct student *p,record[100],temp;
    int x,n=0;
    fp=fopen("F:\\jilu.txt","r");
    if(fp==NULL){
        printf("打开文件失败\n");
        return;
    }
    p=record;
    while(!feof(fp)){
        fscanf(fp,"%19s%19s%13f%13f%13f ",&p->name,&p->number,
            &p->scor_eng,&p->scor_math,&p->scor_phy);
        p++;
        n++;
    }
    fclose(fp);
    printf("请输入要添加的学生学号:");
    do{
        gets(temp.number);
    }while(strcmp(temp.number,"")==0);
    for(p=record;p<record+n; ){
            if(strcmp(p->number,temp.number)==0){
                printf("该学号已经存在，请重新输入要添加的学号:");
                do{
                    gets(temp.number);
                    p=record;
                }while(strcmp(temp.number,"")==0);
            }
            else p++;
    }
    if(p==record+n){
        printf("请输入要添加的学生姓名:");
        ...
        printf("请输入要添加的物理成绩:");
        do{
            ...
        }while(temp.scor_phy>100.0 || temp.scor_phy<0.0 ||x==0);
        *p=temp;
        n++;
    }
    fp=fopen("F:\\jilu.txt","w");
```

```
        if(fp==NULL){
            printf(" 打开文件失败 \n");
            return;
        }
        for(p=record;p<record+n;p++)
            fprintf(fp,"%-19s%-19s%-13f%-13f%-13f\n",p->name,p->number,
                    p->scor_eng,p->scor_math,p->scor_phy);
        fclose(fp);
    }
```

（6）删除学生记录。

```
int mydelete()
{
    FILE *fp;
    int n=0;
    struct student *p,record[100];
char tempnumber[20];
fp=fopen("F:\\jilu.txt","r");
if(fp==NULL){
    printf(" 打开文件失败 \n");
    return;
}
p=record;
while(!feof(fp)){
    fscanf(fp,"%19s%19s%13f%13f%13f ",&p->name,&p->number,
            &p->scor_eng,&p->scor_math,&p->scor_phy);
    p++;
    n++;
}
fclose(fp);
printf(" 请输入要删除的学生学号 :");
do{
    gets(tempnumber);
    }while(strcmp(tempnumber,"")==0);
    for(p=record;p<record+n;p++){
        if(strcmp(p->number,tempnumber)==0)
            break;
    }
    if(p<record+n){
        if(p+1==record+n) n--;
        else {
            for(;p<record+n-1;p++) *p=*(p+1);
                n--;
        }
```

```
    }
    else printf(" 没有查询到要删除的学生 \n");
    fp=fopen("F:\\jilu.txt","w");
    if(fp==NULL){
        printf(" 打开文件失败 \n");
        return;
    }
    for(p=record;p<record+n;p++)
    fprintf(fp,"%-19s%-19s%-13f%-13f%-13f\n",p->name,p->number,
        p->scor_eng,p->scor_math,p->scor_phy);
    fclose(fp);
}
```

（7）对学生成绩排序。

```
void mysort()
{
    FILE *fp;
    int n=0;
    struct student *p,record[100],temp;
    int i,k,j;
    fp=fopen("F:\\jilu.txt","r");
    if(fp==NULL){
        printf(" 打开文件失败 \n");
        return;
    }
    p=record;
    while(!feof(fp)){
        fscanf(fp,"%19s%19s%13f%13f%13f ",&p->name,&p->number,
                &p->scor_eng,&p->scor_math,&p->scor_phy);
        p++;
        n++;
    }
    fclose(fp);
    p=record;
    printf(" 按学号从小到大地排序 \n");
    for(i=0;i<n-1;i++){
        k=i;
        for(j=i+1;j<n;j++){
            if(strcmp((p+k)->number,(p+j)->number)>0){
                k=j;
                temp=*(p+k);
                *(p+k)= *(p+i);
                *(p+i)=temp;
            }
```

```
        }
    }
    fp=fopen("F:\\jilu.txt","w");
    if(fp==NULL){
        printf(" 打开文件失败 \n");
        return;
    }
    for(p=record;p<record+n;p++)
        fprintf(fp,"%-19s%-19s%-13f%-13f%-13f\n",p->name,p->number,
                p->scor_eng,p->scor_math,p->scor_phy);
    fclose(fp);
}
```

9.3　自学与拓展

下面介绍文件的其他操作。

1. 字符读、写函数

（1）用法。fgetc( ) 函数的功能是从指定的文件中读入一个字符。函数调用的形式如下：

```
字符变量 = fgetc（文件指针名）;
```

fputc( ) 函数的功能是把一个字符写入指定的文件中。

函数调用的形式如下：

```
fputc（字符变量， 文件指针名）;
```

（2）功能。字符读写函数是以字符（字节）为单位的。每次可从文件读出或向文件写入一个字符。

（3）说明。fgetc( ) 函数在使用时，指定的文件必须是以读或读写方式打开的；fputc( ) 函数在使用时，指定的文件必须是以读或读写方式打开的。

【例 9-4】从键盘输入字符，逐个把它们送到磁盘上，直到输入一个 "#" 为止，并从该文件中读出来，显示到屏幕上。

程序代码如下。

```
#include "stdio.h"
#include "stdlib.h"
void main()
{
    FILE *fp;
```

```
        char ch;
        if((fp = fopen("c:\\test.dat", "w+")) == NULL) {
            printf("Cannot create file!\n");
            exit(1);
        }
        while((ch = getchar())!='#')
            fputc(ch,fp);
        rewind(fp);     /* 使文件位置指针移回到文件的开头处，以从头读输入过的数据 */
        ch=fgetc(fp);
        while(ch != EOF) {
            putchar(ch);
            ch=fgetc(fp);
        }
        fclose(fp);
    }
```

2. 字符串读、写函数

（1）用法。fgets( ) 函数的功能是从指定的文件中读一个字符串到字符数组中。函数调用的形式如下。

```
fgets( 字符数组名 , n, 文件指针 );
```

fputs 函数的功能是向指定的文件写入一个字符串。其调用形式如下。

```
fputs( 字符串 , 文件指针 );
```

fgets() 函数中，n 是一个正整数，表示从文件中读出的字符串不超过 n−1 个字符。在读入的最后一个字符后加上串结束标志 '\0'。例如，"fgets(str, n, fp);" 的意义是从 fp 所指的文件中读出 n−1 个字符并送入字符数组 str 中。在读出 n−1 个字符之前，如果遇到了换行符或文件结束符 EOF，则读出结束。

（2）功能。字符串读写函数是以字符串（字节）为单位的读写函数。每次可从文件读出或向文件写入一个字符。

（3）说明。fgets( ) 函数在使用时，该文件必须是以读或读写方式打开的；fputs( ) 函数在使用时，该文件必须是以读或读写方式打开的。

3. 数据块读、写函数

（1）用法。fread( ) 读数据块函数调用的一般形式如下。

```
fread(buffer, size, count, fp);
```

fwrite 写数据块函数调用的一般形式如下。

```
fwrite(buffer, size, count, fp);
```

其中，buffer 是一个指针，在 fread( ) 函数中表示存放输入数据的首地址；在 fwrite( )

函数中表示存放输出数据的起始地址；size 表示每个数据块的字节数；count 表示待读写的数据块块数。

（2）功能。用于整块数据的读写函数。可用来读写一组数据，如一个数组元素，一个结构变量的值等。fread( ) 就是从 fp 所指文件内部位置指针的当前位置开始，一次读入 size 个字节，重复 count 次，并将读入的数据存放到从 buffer 开始的内存中；fwrite( ) 就是把内存中从 buffer 开始，一次输出 size 个字节，重复 count 次，存放到 fp 所指文件中。在读写函数执行时，位置指针也随之移动。

（3）说明。先前所介绍的几种读写函数是按 ASCII 码方式来读取文件，而 fread( ) 和 fwrite( ) 函数是用来二进制方式来读写文件的，它只是将数据块里的内容，按内存空间的实际存放情况，原封不动地存入磁盘文件，或者按在磁盘文件中的存放情况读出到内存中。

【例 9-5】 将 d:\Dots.txt 文件中的坐标数据以二进制方式写入 d:\Dots.bin 文件中，然后将 d:\Dots.bin 文件的数据读出显示在屏幕上。

算法分析如下。

通过 fprintf( ) 函数写入文件的内容和屏幕显示的内容是一样的，是文本信息。而要生成二进制文件内容，只能使用 fwrite( ) 函数，而对应的读文件只能使用 fread( ) 函数。

对应的流程图如图 9-9 所示。

程序代码如下。

```c
#include <stdio.h>
struct dot {                    //定义 dot 结构
    double x;
    double y;
};

void main()
{
    int Count=0;
    struct dot Dot;             //定义"点"变量
    FILE *Fasc=fopen("d:\\Dots.txt","r");      //打开文件以添加新的数据
    FILE *Fbin=fopen("d:\\Dots.bin","w+");     //打开文件以添加新的数据
    if(Fasc==NULL||Fbin==NULL)                 //文件打开失败
    {
        printf(" 文件操作失败 ~~~\n");
        return;
    }
    while(1)
    {
        int r=fscanf(Fasc,"%lf , %lf",&Dot.x, &Dot.y); //从文件中读数据
        if(r!=2) break;                        //没有读到要读的数据个数，结束
        fwrite(&Dot,sizeof(Dot),1,Fbin);       //将数据以二进制方式写入新文件中
```

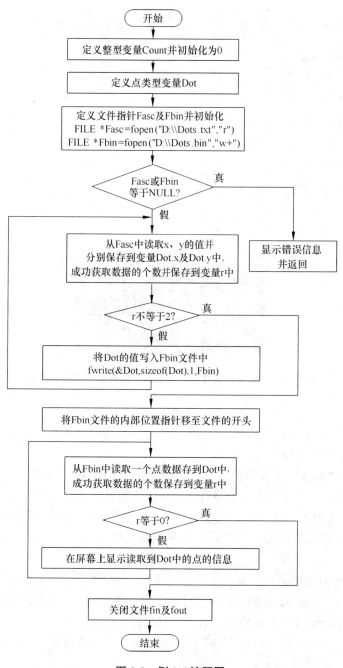

图 9-9 例 9-5 流程图

```
}
rewind(Fbin);                          //将文件内部的位置指针重新指向开头
while(1)
{
    int r=fread(&Dot,sizeof(Dot),1,Fbin);        //从文件中读数据
    if(r==0) break;          //没有读到要读的数据，结束
```

```
        printf("%4d\t(%g, %g)\n",++Count,Dot.x,Dot.y);    //显示读到的坐标
    }
    fclose(Fasc);
    fclose(Fbin);
}
```

程序运行结果如图 9-10 所示。

图 9-10　生成的新文件的内容及读其内容显示的点的信息

程序说明：

① 本程序中 fscanf( ) 和 fprintf( ) 函数每次只能读写一个"点"结构体元素，因此采用了循环语句来读写全部"点"元素。

② 在文件内部有一个位置指针，指向当前读写的位置。如果顺序读写一个文件，每次读写一个字符，则读写完一个字符后，该位置指针自动移到下一个字符位置。本例中，当把"点"数据写入文件后，位置指针已经指向了下次写的位置，如果直接进行读，将读不到任何数据，所以需要将内部指针移回到文件的开头处，这就是 rewind( ) 函数的功能。

③ 另外一个有用的函数是 feof( )，它是用来判断位置指针是不是已经走完整个文件（文件结束），其用法是 feof(fp)，如果文件已结束，则返回 1，否则返回 0。

④ 当使用 fwrite( ) 写数据到文件时，是以数据在内存中的形式写入文件中的，是二进制文件，不是文本文件，通过十六进制编辑器可以看到文件的内容，很难看明白数据是什么东西。

📖 程序与人生

分甘共苦，同舟共济

文件管理在本任务中即为对流式文件的打开、关闭、读、写、定位等各种操作，而管理文件的目的就是在存储文件的基础上可以多次取用文件中数据，从而实现数据以及

270

文件的共享。

春秋末期，吴、越两国的人民因战乱都将对方视为仇人。有一次，一个越国人与一个吴国人同在一艘渡船上，在经历巨大风浪时，为了保住性命，两人也顾不得彼此的仇恨，相互伸出援救之手，双双紧紧握住船舷，一起下蹲合力稳定船身，齐心合力逃过这场天灾，安全到达河岸。

管仲家贫，自幼刻苦自学，通"诗""书"，懂礼仪，知识丰富，武艺高强。他和挚友鲍叔牙分别做公子纠和公子小白的师傅。齐襄公十三年（公元前685年），齐国一时无君。逃亡在外的公子纠和小白都力争尽快赶回国内夺取君位。管仲为使纠当上国君，埋伏中途欲射杀小白，箭射在小白的铜制衣带钩上。小白装死，在鲍叔牙的协助下抢先回国，登上君位。他就是历史上有名的齐桓公。桓公即位，设法杀死了公子纠，也要杀死射了自己一箭的仇敌管仲。鲍叔牙极力劝阻，指出管仲乃天下奇才，要桓公为齐国强盛着想，忘掉旧怨，重用管仲。桓公接受了建议，接管仲回国，不久即拜为相，主持政事。管仲得以施展全部才华。

俗话说："一个篱笆三个桩，一个好汉三个帮。"想要成就一番大事，必须靠大家的努力，同甘共苦，同舟共济。纵观古今中外，凡是成功的企业，或是在事业上成功的人士，都是彼此相互配合，善于合作共赢的典范。

习　题

一、选择题

1. 设 fp 为指向某文件的指针，且已读到文件末尾，则函数 feof(fp) 的返回值是（　　　）。

    A. EOF   B. –1   C. 非零值   D. NULL

2. "fwrite(buffer,size,count,fp);" 中的 buffer 代表的是（　　　）。

    A. 一个文件指针，指向待读取的文件

    B. 一个整型变量，代表待读取数据的字节数

    C. 一个内存块的首地址，代表输出数据存放的地址

    D. 一个内存块的字节数

3. 下列程序运行后，文件 t1.dat 中的内容是（　　　）。

```
#include <stdio.h>
void writeStr(char *fn,char *str)
{
    FILE *fp;
    fp=fopen(fn,"w");fputs(str,fp);fclose(fp);
}
main()
{
```

```
    writeStr("t1.dat","start");
    writeStr("t1.dat","end");
}
```

A. start   B. end   C. startend   D. endrt

4. 下列程序的输出结果是（   ）。

```
#include <stdio.h>
main()
{
   FILE *fp; int i, k, n;
   fp=fopen("data.dat", "w+");
   for(i=1; i<6; i++)
   {
     fprintf(fp,"%d",i);
     if(i%3==0) fprintf(fp,"\n");
   }
   rewind(fp);
   fscanf(fp, "%d%d", &k, &n); printf("%d %d\n", k, n);
   fclose(fp);
}
```

A. 0 0   B. 123 45   C. 1 4   D. 1 2

5. 下列程序的输出结果是（   ）。

```
#include <stdio.h>
main()
{
   FILE *fp; int a[10]={1,2,3},i,n;
   fp=fopen("dl.dat","w");
   for(i=0;i<3;i++) fprintf(fp,"%d",a[i]);
   fprintf(fp,"\n");
   fclose(fp);
   fp=fopen("dl.dat","r");
   fscanf(fp,"%d",&n);
   fclose(fp);
   printf("%d\n",n);
}
```

A. 12300   B. 123   C. 1   D. 321

二、填空题

1. 若 fp 已正确定义为一个文件指针，test.dat 为二进制文件，请填空，以便为"读"而打开此文件：＿＿＿＿。

2. 以下程序用来统计文件中字符个数，请填空。

```
#include "stdio.h"
main()
{
    FILE *fp; int n=0;
    fp=fopen("test.dat", _____ );
    while( _____ ) {
    fgetc(fp);  n++;
    }
    printf("%d", n);
_____
}
```

三、编程题

1. 请编程序打印出一张乘法"九九表"，输出到磁盘文件中。表的样式如下：

1	2	3	4	5	6	7	8	9
2	4	6	8	10	12	14	16	18
3	6	9	12	15	18	21	24	27
4	8	12	16	20	24	28	32	36
5	10	15	20	25	30	35	40	45
6	12	18	24	30	36	42	48	54
7	14	21	28	35	42	49	56	63
8	16	24	32	40	48	56	64	72
9	18	27	36	45	54	63	72	81

2. 在文件"C:\data.dat"里已存入用逗号分隔的 20 个整型数据，请把它们读到数组中，统计其中正数的个数，并计算它们之和。

3. 输入 10 个字符串到文件中，然后读出，显示到屏幕上。

任务 10 综 合 实 训

10.1 项目实训 1: 60s 定时报警器

 实训目标

（1）了解数码管接口的基本原理。
（2）了解单片机定时器／计数器的原理及应用。
（3）掌握单片机定时器定时程序的编写方法。
（4）掌握完成和分析一个项目 C 语言源程序的顺序。

项目分析

1. 任务说明

用 AT89C51 单片机实现 60s 定时报警器，使用尽可能简单的程序逐步实现以下功能。
（1）编写延时的 C 语言函数。
（2）编写程序使数码管动态显示时间。
（3）制作 60s 定时报警器，开机显示 60 并持续倒计时，最后显示 00 时报警。

2. 设计方案

本系统的硬件结构比较简单，由单片机控制模块和数码管显示模块两部分组成。单片机选择 AT89C51 单片机，通过内部定时器控制时间。数码管显示模块使用一个 2 位一体共阳极数码管显示器，采用动态显示技术显示定时器剩余时间。

知识预备

1. 单片机简介

单片机在一块芯片上集成了中央处理部件（CPU）、存储器（RAM、ROM）、定时器／计数器和各种输入／输出（I/O）接口（如并行 I/O 口、串行 I/O 口和 A/D 转换器）等，如图 10-1 所示。

8051 是 MCS-51 系列单片机的典型芯片，其他型号除了程序存储器结构不同外，内部结构完全相同，引脚完全兼容。这里以 8051 为例子，介绍 MCS-51 系列单片机的内部组成及信号引脚。

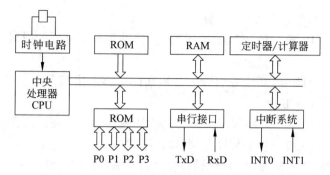

图 10-1 单片机的结构

8051 单片机采用标准 40 引脚双列直插式封装，如图 10-2 所示。

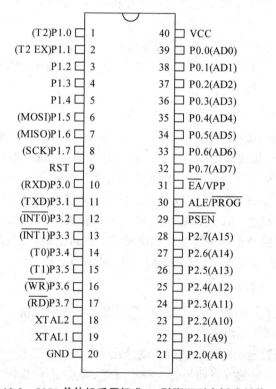

图 10-2 8051 单片机采用标准 40 引脚双列直插式封装

（1）P0 口（32~39 脚）。可作为与外部传送数据的 8 位数据总线（D0~D7），也可作为扩展外部存储器时的低 8 位地址总线（A0~A7）。

（2）P0 口（1~8 脚）。作为普通 I/O 口使用，无须外接上拉电阻。

（3）P2 口（21~28 脚）。有两种使用方法，一是作为普通 I/O 口使用，无须外接上拉电阻；二是作为扩展外部存储器时的高 8 位地址总线（A8~A15）。

（4）P3 口（10~17 脚）。作为普通 I/O 口使用，无须外接上拉电阻。

（5）VCC（40 脚）。VCC 接 +5V 电源，为单片机供电。

（6）GND（20 脚）。GND 接地端。

（7）XTAL1（19 脚）和 XTAL2（18 脚）。接外部石英晶振的引脚，也可引入外部时钟。

（8）RESET（9 脚）。复位号引脚。必须在此引脚上出现两个机器周期的高电平，才能保证单片机可靠复位。

（9）PSEN（29 脚）。外部程序存储器的读选通信号端。在读外部 ROM 时，PSEN 有效（低电平），以实现对外部程序存储器的读操作。

（10）ALE/PROG（30 脚）。地址锁存允许信号端。在访问外部存储器时，ALE（允许地址锁存）的输出，用于锁存地址的低 8 位。当不访问外部存储器时，ALE 端仍以不变的频率周期性地输出脉冲信号，此频率为石英晶振振荡频率的 1/6，因此，它可用作对外输出的时钟或用于定时。在单片机写入程序时，此引脚用于输入编程脉冲（PROG）。

（11）EA（31 脚）。访问程序存储器选择控制信号。当 EA 信号接低电平时，对 ROM 的读操作（执行程序）限定在外部程序存储器；当 EA 接高电平时，对 ROM 的读操作（执行程序）从内部开始。

2. 编程软件 Keil

目前主流单片机开发都使用 Keil，常用版本为 Keil C51。Keil C51 软件提供丰富的库函数和功能强大的集成开发调试工具，操作起来简单方便，编译后生成的二进制文件占据的空间小。开发人员可用 IDE 本身或其他编辑器编辑 C 语言或汇编源文件，然后分别由 C51 及 C51 编译器编译生成目标文件。目标文件可由 LIB51 创建生成库文件，也可以与库文件一起经 L51 连接定位生成绝对目标文件。目标文件由 OH51 转换成标准的 HEX 文件，以供调试器进行源代码级调试，也可由仿真器直接对目标板进行调试，还可以直接写入程序存储器（如 EPROM 或 Flash 中）。

3. LED 数码显示接口技术

LED 数码管是重要的人机对话部分，是最基本的输出设备。计算机运行结果和运行状态可以通过数码管显示出来。

（1）LED 数码管显示原理。数码管就是几个发光二极管按一定方式组成的器件，控制不同的发光二极管导通发光而另外一些不发光，就会显示出不同的图形字形。

（2）LED 数码管的内部结构。LED 数码管的内部结构有两种不同形式：一种为共阳极显示器；另一种为共阴极显示器。

图 10-3 所示依次是 8 位数码管的引脚图、共阴极结构和共阳极结构。

LED 数码管显示器有两种连接方法：一种为共阳极接法；另一种为共阴极接法。即把发光二极管的阳极连接在一起，连接至 +5V 电压，此时阴极接低电平的段发光二极管就导通点亮，接高电平的则不亮；另一种为共阴极接法，就是把发光二极管的阴极接在一起，连接至地，此时的阳极接高电平的段发光二极管就导通点亮，而接低电平的则不变。本项目实训采用共阴极接法，这样做可以免去布线、干扰等麻烦，并且也较符合人的思维习惯（1 表示亮，0 表示灭）。表 10-1 所示是共阳极和共阴极显示管脚信号表。

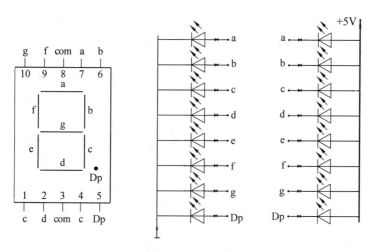

图 10-3　8 位数码管的引脚图、共阴极结构和共阳极结构

表 10-1　共阳极和共阴极显示管脚信号表

字　符	共阴极段选码	共阳极段选码	字　符	共阴极段选码	共阳极段选码
0	0x3f	0xc0	b	0x7c	0x83
1	0x06	0xf9	C	0x39	0xc6
2	0x5b	0xa4	d	0x5e	0xa1
3	0x4f	0xb0	E	0x79	0x86
4	0x66	0x99	F	0x71	0x8e
5	0x6d	0x92	P	0x73	0x8c
6	0x7d	0x82	U	0x3e	0xc1
7	0x07	0xf8	y	0x6e	0x91
8	0x7f	0x80	Γ	0x31	0xce
9	0x6f	0x90	灭	0x00	0xff
A	0x77	0x88			

（3）数码管显示方式。

① 静态显示。静态显示是指在显示某个字符时，相应字段一直导通或截止，直至更换其他字符。

② 动态显示。为了解决静态显示的缺点，在多位显示的情况下，往往采用动态显示的方式使用数码管。

4. 定时器 / 计数器知识简介

AT89C51 单片机内部有两个 16 位定时器 / 计数器可供选择使用：定时器 / 计数器 T0、T1。定时器 / 计数器具有精确的定时和计数功能，而且可以根据定时计数的多少选择 16 位、13 位或 8 位。

本实训使用定时器 / 计数器的定时功能，选择 T0 的 16 位定时器（工作方式 1）。这些使用要求在程序中可以通过设置单片机内部两个特殊功能寄存器 TMOD 与 TCON 的相应值来完成。

TMOD 寄存器为 T0、T1 的工作方式寄存器，只能按字节赋值操作，格式如图 10-4 所示。其中，高 4 位为 T1 方式字段，低 4 位为 T0 方式字，含义完全相同。

GATE	C/$\overline{T}$	M1	M0	GATE	C/$\overline{T}$	M1	M0
	T1				T0		

图 10-4　TMOD 寄存器的格式

（1）M1、M0 为工作方式选择位，以二进制方式选择，对应关系见表 10-2。

表 10-2　M1、M0 的对应关系

M1	M0	工作方式	功　　能
0	0	方式 0	13 位定时器 / 计数器
0	1	方式 1	16 位定时器 / 计数器
1	0	方式 2	自动再装入的 8 位定时器 / 计数器
1	1	方式 3	T0 分为两个 8 位定时器 / 计数器；T1 不使用

（2）C/T 为定时器 / 计数器方式选择位。C/T=0 时，工作于定时方式；C/T=1 时，工作于计数方式。

（3）GATE 为门控位。当 GATE=0 时，T0、T1 仅受 TR0、TR1 启动的控制；当 GATE=1 时，T0、T1 除了受 TR0、TR1 控制外，还要受到外部中断的控制。

TCON 寄存器的高 4 位为 T0、T1 的运行控制位（TR0 和 TR1）和计数溢出标志位（TF0 和 TF1），格式如图 10-5 所示。

TF1	TR1	TF0	TR0	IE1	IT1	IE0	IT0

图 10-5　TCON 寄存器的格式

（1）TR0/TR1 为 T0/T1 的启动位，当 TR0(TR1)=1 时，就启动 T0(T1) 进行定时或计数工作。

（2）TF0/TF1 为 T0/T1 的溢出中断请求标志位。

 项目实例源码及代码解析

1. 硬件电路

硬件电路有 3 个端口分别为 P1、P2 和 P3，其中，P1 端口连接蜂鸣报警器；P2 端口连接数码 a~Dp，控制数码管段选；P3 端口的 P3.0、P3.1 连接数码管的 1 脚和 2 脚，控制数码管位选。

2. 项目实例源码

本项目主要实现两大功能：数码管动态显示剩余时间和 60s 定时功能。数码管动态显示需要一个延迟函数，使得数码管十位数字和个位数字动态显示；60s 定时功能需要由定时器的设置和相应的中断函数来完成。首先定义一些变量，然后定义相应的函数，最后由 main( ) 函数调用相关函数实现相关功能。

完整代码如下。

```c
#include <reg51.h>
unsigned char code table[]={0xc0,0xf9,0xa4,0xb0,0x99,0x92,0x82,0xf8,
0x80,0x90};
//共阳极显示数字 0~9
sbit P1_0=P1^0;            //连接报警器
sbit gew=P3^1;             //选择数码管个位
sbit shiw=P3^0;            //选择数码管十位
sbit k2=P2^0;              //数码管显示
//num 控制中断次数,ge 存储个位,shi 存储十位,sec 存储初始定时器 60s
unsigned char sec=60,shi,ge,num;
void init( )
{
    TMOD=0x01;             //设定定时器 0 的工作方式为 1
    TH0=0x3C;              //定时器的初值,一个周期为 50ms
    TL0=0xB0;
    EA=1;                  //总的中断
    ET0=1;                 //开定时器 0 中断
    TR0=1;                 //启动定时器 0
    shi=sec/10;            //两位数分离赋给数码管十位显示
    ge=sec%10;             //两位数分离赋给数码管个位显示
}
void delay(unsigned int xms)  //延时子函数
{
    unsigned int i,j;
    for(i=xms;i>0;i--)
    for(j=110;j>0;j--);
}
void display( )
{
    gew=1;                 //打开数码管个位位选
    P2=table[ge];          //数码管个位赋值
    delay(1);              //延时送入数据的反应时间
    gew=0;                 //关闭数码管个位位选
    shiw=1;                //打开数码管十位位选
    P2=table[shi];         //送入数据
    delay(1);
    shiw=0;                //关闭数码管十位位选
}
voidmain( )               //主函数
{
    init( );
```

```
    while(1)
    {
        display( );
    }
}
voidTimer0() interrupt1
{
    TH0=(65536-50000)/256;        //定时器重装初值,50ms
    TL0=(65536-50000)%256;
    num++;                        //每次中断 num+1
    if(num==20)                   //定时器每进行一个周期 num 加 1,运行 20 个周期即为 1s
    {
        num=0;                    //到 1s 时 num 清 0 并重新开始
        sec--;                    //倒计时 1s
        if(sec>=0)
        {
            shi=sec/10;           //两位数分离赋给数码管十位显示
            ge=sec%10;            //两位数分离赋给数码管个位显示
            if(sec==0)            //倒计时到 0s
            {
            P1_0=0;               //蜂鸣器报警提示
            TR0=0;                //关闭定时器 0
            }
        }
    }
}
```

3. 代码解析

（1）定义需要变量。

```
unsigned char code table[]={0xc0,0xf9,0xa4,0xb0,0x99,
0x92,0x82,0xf8,0x80,0x90};                //共阳极显示数字 0~9
sbit P1_0=P1^0;                           //连接报警器
sbit gew=P3^1;                            //选择数码管个位
sbit shiw=P3^0;                           //选择数码管十位
sbitk2=P2^0;                              //数码管显示
unsigned char sec=60,shi,ge,num;
//num 控制中断次数,ge 存储个位,shi 存储十位,sec 定时 60s
```

（2）系统初始化函数。

```
void init()
{
    TMOD=0x01;                            //设定定时器 T0 的工作方式为 1
    TH0=0x3C;                             //定时器装初值,一个周期为 50ms
```

```
    TL0=0xB0;
    EA=1;                  //开总中断
    ET0=1;                 //开定时器 T0 中断
    TR0=1;                 //启动定时器 T0
    shi=sec/10;            //两位数分离赋给数码管十位显示
    ge=sec%10;             //两位数分离赋给数码管个位显示
}
```

（3）数码管显示函数。

```
void display()
{
    gew=1;                 //打开数码管个位位选
    P2=table[ge];          //数码管个位赋值
    delay(1);              //延时送入数据的反应时间
    gew=0;                 //关闭数码管个位位选
    shiw=1;                //打开数码管十位位选
    P2=table[shi];         //数码管十位赋值
    delay(1);
    shiw=0;                //关闭数码管十位位选
}
```

（4）60s 定时中断函数。

```
void Timer0() interrupt 1
{
    TH0=0x3C;              //定时器重装初值，一个周期 50ms
    TL0=0xB0;
    num++;                 //每次中断 num+1
    if(num==20)            //定时器每个周期 num 加 1,20 个周期即为 1s
    {
    num=0;                 //到 1s,num 清 0 重新开始
    sec--;                 //倒计时 1s
    if(sec>=0)
{
    shi=sec/10;//两位数分离赋给数码管十位显示
    ge=sec%10;             //两位数分离赋给数码管个位显示
    if(sec==0)             //倒计时到 0
    {
        P1_0=0;            //蜂鸣器报警提示
        TR0=0;             //关闭定时器
        }
    }
    }
}
```

定时器溢出时产生的中断请求，中断响应是自动调用并执行中断函数。在初始化阶段我们设定的50ms为1个周期,50ms结束后定时器就会溢出并产生中断,调用中断函数。在中断函数中，20个周期就是1s，每过1s倒计时1s，同时重新给数码管十位和个位赋值，当最后时间为0时打开蜂鸣器标志位，实现报警功能并关闭计时器。

总结与思考

1. 项目总结

在完成一个项目的C语言源程序时常用的思路是：列出要实现的主要功能，然后将功能模块化并通过定义相应的函数来实现。具体写代码时首先定义需要的变量，然后定义需要的函数，通过函数调用完成指定的功能。变量和函数定义时命名尽量简单且有意义，让人看到名字就能猜到要实现的功能。

在分析C语言源程序时，首先要观察程序中的全局变量，也就是程序的最先几行。通过这种方法可以对程序中要用到的变量名字及通过名字猜测到的变量含义有一个大概的印象。接着查看main( )函数，在一个工程项目中主程序部分往往比较短，大都是对其他函数的引用，通过查看main( )函数可以对程序实施的框架有整体把握。最后按照主程序中各函数出现的先后顺序来依次分析各个函数的功能。

2. 项目思考

（1）LED数码管的内部结构有哪两种形式？
（2）数码管的动态显示和静态显示各有什么特点？
（3）能否编写用T1、方式1定时1h的函数？

10.2 项目实训2：入侵监控系统设计

实训目标

（1）掌握CC2530的时钟原理及应用。
（2）掌握CC2530的定时器原理及应用。
（3）掌握CC2530的串口原理及应用。
（4）掌握入侵监控系统程序的编写方法。
（5）掌握分析一个项目的C语言源程序的顺序。

项目分析

1. 任务说明

用基于CC2530芯片ZigBee模块实现入侵监测小系统,当人体红外传感器监测到有人时,在串口助手上显示"有人"，反之显示"无人"。

（1）设置系统时钟为32MHz。

（2）ZigBee模块上连接的人体传感器周期性地将人体传感数据通过串口发送出去，格式为"有人"或"无人"，串口波特率为38400bps。

2. 设计方案

本项目的硬件结构比较简单，由 ZigBee 模块、人体传感器模块和 PC 组成。入侵监控系统结构如图 10-6 所示。

图 10-6 入侵监控系统结构图

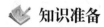 **知识准备**

1. CC2530 简介

CC2530 单片机是一款完全兼容 8051 内核，同时支持 IEEE 802.15.4 协议的无线射频单片机。CC2530 结合了领先的 RF 收发器的优良性能、业界标准的增强型 8051CPU、系统内可编程闪存、8KB RAM 和许多其他强大的功能。CC2530 有四种不同的闪存版本为 CC2530F32/64/128/256，分别具有 32KB/64KB/128KB/256KB 的闪存。CC2530 具有不同的运行模式，使得它尤其适应超低功耗要求的系统。运行模式之间的转换时间短，进一步确保了低能源消耗。

它具有以下特点。

（1）强大的 5 通道 DMA。

（2）IEEE 802.5.4 MAC 定时器和通用定时器（一个 16 位定时器，一个 8 位定时器）。

（3）IR 发生电路。

（4）具有捕获功能的 32kHz 睡眠定时器。

（5）硬件支持 CSMA/CA。

（6）支持精确的数字化 RSSI/LQI。

（7）电池监视器和温度传感器。

（8）具有 8 路输入和可配置分辨率的 12 位 ADC。

（9）AES 安全协处理器。

（10）2 个支持多种串行通信协议的强大 USART。

（11）21 个通用 I/O 引脚（19×4mA，2×20mA）。

（12）看门狗定时器。

2. 通用 I/O

CC2530 有 21 个数字输入 / 输出引脚，可以配置为通用数字 I/O 或外设 I/O 信号，配置为连接到 ADC、定时器或 USART 外设。这些 I/O 口的用途可以通过一系列寄存器配置，由用户软件加以实现。

I/O 端口具备以下重要特性。

（1）21 个数字 I/O 引脚。

（2）可以配置为通用 I/O 或外部设备 I/O。

（3）输入口具备上拉或下拉能力。

（4）具有外部中断能力。

21 个 I/O 引脚都可以用作外部中断源输入口。因此，如果需要外部设备，可以产生中断。外部中断功能也可以以睡眠模式唤醒设备。

（1）未使用的 I/O 引脚。未使用的 I/O 引脚电平是确定的，不能悬空。一个方法是使引脚不连接，配置引脚为具有上拉电阻的通用 I/O 输入。这也是所有引脚复位后的状态（除了 P1.0 和 P1.1 没有上拉 / 下拉功能）。或者引脚可以配置为通用 I/O 输出。这两种情况下引脚都不能直接连接到 VDD 或 GND，以避免过多的功耗。

（2）低 I/O 电压。在数字 I/O 电压引脚 DVDD1 和 DVDD2 低于 2.6V 的应用中，寄存器位设为 PICTL。PADSC 应设置为 1，以获得 DC 特性表中所述的输出 DC 特性。

（3）用作通用的 I/O。用作通用 I/O 时，引脚可以组成 3 个 8 位端口，端口 0、端口 1、端口 2，表示为 P0、P1 和 P2。其中 P0 和 P1 是完全的 8 位端口，而 P2 仅有 5 位可用。所有的端口均可以通过 SFR 寄存器 P0、P1 和 P2 位寻址和字节寻址。每个端口引脚都可以单独设置为通用 I/O 或外部设备 I/O。

除了两个高驱动输出口 P1.0 和 P1.1 各具备 20mA 的输出驱动能力之外，所有的输出均具备 4mA 的驱动能力。

寄存器 PxSEL 中的 x 为端口的标号 0~2，用来设置端口的每个引脚为通用 I/O 或者是外部设备 I/O 信号。作为默认的情况，每当复位之后，所有的数字输入 / 输出引脚都设置为通用输入引脚。

在任何时候，要改变一个端口引脚的方向，就使用寄存器 PxDIR 来设置每个端口引脚为输入或输出。因此，只要设置 PxDIR 中的指定位为 1，其对应的引脚口就被设置为通用输入引脚。

当读取端口寄存器 P0、P1 和 P2 的值时，不管引脚配置如何，输入引脚上的逻辑值都被返回。这在读取或修改一些指令时不适用。读取或修改的指令是 ANL、ORL、XRL、JBC、CPL、INC、DEC、DJNZ、MOV、CLR 和 SETB。在一个端口寄存器上操作，以下是正确的：当目标是端口寄存器 P0、P1 或 P2 中一个独立的位或寄存器的值，而不是引脚上的值，则会被读取、修改并写回端口寄存器。

用作输入时，通用 I/O 端口引脚可以设置为上拉、下拉或三态操作模式。作为默认的情况，复位之后，所有的端口均设置为带上拉的输入。要取消输入的上拉或下拉功能，就要将 PxINP 中的对应位设置为 1。I/O 端口引脚 P1.0 和 P1.1 没有上拉 / 下拉功能。注意配置为外设 I/O 信号的引脚没有上拉 / 下拉功能，即使外设功能是一个输入。

在电源模式 PM1、PM2、PM3 下，I/O 引脚保留当进入 PM1/PM2/PM3 时设置的 I/O 模式和输出值（如果可用）。

通用 I/O 中断。通用 I/O 引脚设置为输入后，可以用于产生中断。中断可用设置在外部信号的上升沿或下降沿触发。

P0、P1 或 P2 端口都有中断使能位，对位于 IEN1-2 寄存器内的端口所有的位都是公共的。例如：

- IEN1.P0 IE：P0 中断使能；
- IEN2.P1 IE：P1 中断使能；
- IEN2.P2 IE：P2 中断使能。

除了这些公共中断使能之外，每个端口的位都有位于 SFR 寄存器 P0IFG、P1IFG 或 P2IFG 中相应的中断状态标志将被设置为 1。不管引脚是否设置了它的中断使能位，中断状态标志都被设置。当中断已经执行，中断状态标志被清除，该标志写入 0。这个标志必须在清除 CPU 端口中断标志（PxIF）之前被清除。

I/O 端口的寄存器描述如下。

- P0：端口 0。
- P1：端口 1。
- P2：端口 2。

3. 系统时钟

时钟是一个系统设备的心脏，没有了时钟，一切都无法运作。

CC2530 设备有一个内部系统时钟（或称主时钟）。该系统时钟的源可以用 16 MHzRC 振荡器（外部晶振）。时钟的控制可以通过配置相关的寄存器以达到对时钟的选择控制。

CC2530 的 CLKCONSTA 寄存器是一个只读寄存器，用于获得当前时钟状态。设备的 C 语言学习与应用 292 振荡器既可以选择高精度的晶体振荡器，也可以选择低功耗的高频 RC 振荡器，应根据实际情况进行选择。当设备运行 RF 收发器时，因为要求精度高，所以必须使用 32MHz 晶体振荡器。

（1）设备有两个高频振荡器，分别为 32MHz 晶振和 16MHzRC 振荡器。

（2）设备有两个低频振荡器，分别为 32kHz 晶振和 32kHzRC 振荡器。

系统时钟是从所选的主系统时钟源获得的，主系统时钟源可以是 32MHzXOSC 或 16MHzRCOSC。CLKCONCMD.OSC 未选择主系统时钟的源。注意要使用 RF 收发器，就必须选择高速且稳定的 32MHz 晶振。另外，改变 CLKCONCMD.OSC 位不会立即改变系统时钟。时钟源的改变首先在 CLKCONSTA.OSC=CLKCONCMD.OSC 时生效，这是因为在实际改变时钟源之前需要有稳定的时钟。还要注意 CLKCONCMD.CLKSPD 位用于反映系统时钟的频率，因此是 CLKCONCMD.OSC 位的映像。选择了 32MHz XOSC 且稳定之后，即当 CLKCONSTA.OSC 位从 1 变为 0 时，16MHz 的 RC 振荡器就被校准。

4. 异步串行通信（UART）

UART 模式提供异步串行接口。在 UART 模式中，接口使用 2 线或者含有引脚 RXD、TXD 且可选 RTS 和 CTS 的 4 线。UART 模式的操作具有以下特点。

- 8 位或 9 位负载数据。
- 奇校验、偶校验或无奇偶校验。

- 配置起始位和停止位电平。
- 配置 LSB 或 MSB 首先传送。
- 独立收发中断。
- 独立收发 DMA 触发。
- 奇偶校验和帧校验出错状态。

5. 人体接近传感器简介

人体接近传感器又称无触点接近传感器，是理想的电子开关量传感器，其特点为：具有穿透墙壁和非金属门窗的功能；能探测人体距离的远近，而且远近可以调节，可调节半径为半米左右；探测区域范围广，因为探测区域呈双扇形；对环境温度范围具有较高的适应性，且灵敏度高；实现了非接触性探测；能够适应恶劣环境，如高温、潮湿、噪声、气流、灰尘、光线等；对射频具有很强的抗干扰能力，如图 10-7 所示。

人体接近传感器还可以用在安全防盗领域，如资料档案、金融、财会、博物馆、金库等重要地方，同时，在测量技术和控制技术中也得到了广泛使用，如长度和位置的测量，位移、速度、加速度的测量和控制等。在机床、冶金、化工、轻纺、印刷等行业的应用时，当金属监测体通过检测区时，开关就会无接触、无火花、无压力迅速发出电气指令，准确地反映出这些物体的具体位置和行程，如图 10-8 所示。

图 10-7　人体接近传感器 1

图 10-8　人体接近传感器 2

 项目实例源码及代码解析

1. 项目实例源码

```
#include <ioCC2530.h>
#define LED1 P1_0
#define LED2 P1_1
#define IN0 P0_2
void init_gpio()
{
    P1SEL&=~0x03;
    P1DIR|=0x03;
```

```
    P0SEL&=~0x04;
    P0DIR&=~0x04;
    IN0=0;
}
voidinit_sysclk()
{
    CLKCONCMD&=0X80;
    while(CLKCONSTA&0X40);
}
voidinit_uart()
{
    PERCFG=0X00;
    P0SEL|=0X3C;
    P2DIR&=~0xC0;
    U0CSR=0X80;
    U0GCR=10;
    U0BAUD=59;
    UTX0IF=0;
}
voiduart_tx_string(char*data_tx,intlen)
{
    unsignedintj;
    for(j=0;j<len;j++)
    {
        U0DBUF= *data_tx++;
        while(UTX0IF==0);
        UTX0IF=0;
    }
}
void Delay(unsignedinti)
{
    unsignedj,k;
    for(k=0;k<i;k++)
    {
        for(j=0;j<500;j++);
    }
}
void main(void)
{
    init_gpio();
    init_sysclk();
    init_uart();
    while(1)
    {
```

```
                if(IN0==0)
                {
                    uart_tx_string("有人！",sizeof("有人！"));
                    LED1=1;
                    LED2=0;
                    Delay(1000);
                }
                else
                {
                    uart_tx_string("无人！",sizeof("无人！"));
                    LED1=0;
                    LED2=1;
                    Delay(1000);
                }
        }
}
```

2. 代码解析

（1）通用 I/O 口初始化。

```
void init_gpio( )
{
        P1SEL&= ~0x03;          //通用 I/O
        P1DIR|=0x03;            //输出
        P0SEL&= ~0x04;          //通用 I/O
        P0DIR&=~0x04;           //输入
        IN0=0;
}
```

（2）系统时钟配置。

```
void init_sys_clk( )
{
        CLKCONCMD&=0X80;        //设置系统时钟为 32MHz
        while(CLKCONSTA&0X40);  //等待晶振稳定
}
```

（3）异步串行通信(UART)初始化。

```
voidinit_uart( )
{
        PERCFG=0X00;       //选择 USART0 的 I/O 口位置
        P0SEL|=0X3C;       //将对应 P0_2、P0_3、P0_4、P0_5 配置成外设功能
        P2DIR&=~0xC0;      //P0 优先作为 UART 模式
        U0CSR=0X80;        //UART 模式
        U0GCR=10;
```

```
        U0BAUD=59;        //设置波特率为 38400bps
        UTX0IF=0;         //UART0 TX 中断标志位清零
}
```

（4）数据发送函数。

```
void uart_tx_string(char *data_tx,int len)
{
    unsigned int j;
    for(j=0;j<len;j++)
    {
        U0DBUF=*data_tx++;
        while(UTX0IF==0);
        UTX0IF=0;
    }
}
```

总结与思考

1. 项目总结

在一个工程项目中，一般会把一个复杂的任务拆分成若干个简单的任务，所以主程序部分往往比较短，大都是对其他函数的引用。我们虽然对其他函数尚不了解，但可以通过它对程序实施的框架有所把握，这是关键的一点。最后才是具体分析各个函数的功能，可以按照主程序中各函数出现的先后顺序来分析。

2. 项目思考

（1）如果系统时钟频率用 16MHz，如何设置？
（2）如何检测到"有人"，如何实现 LED 灯闪烁？
（3）如何设置波特率为 19200bps？
（4）如何通过 PC 端发送指令控制芯片？
（5）如何编写流水灯的函数？

参 考 文 献

[1] 谭浩强 . C 程序设计 [M]. 5 版 . 北京：清华大学出版社，2017.

[2] 高维春 . C 语言程序设计项目教程 [M]. 北京：人民邮电出版社，2014.

[3] 秦娜 . C 语言程序开发实用教程（微课版）[M]. 北京：清华大学出版社，2022.

[4] 张磊 . C 语言程序设计 [M]. 5 版 . 北京：清华大学出版社，2022.

[5] 雷靖 . C 语言程序设计 [M]. 北京：清华大学出版社，2022.

[6] 罗兵 . C 语言程序设计 [M]. 北京：清华大学出版社，2023.

[7] 段华琼 . C 语言程序设计（微课视频版）[M]. 北京：清华大学出版社，2022.

[8] 阳小兰 . C 语言程序设计 [M]. 北京：清华大学出版社，2022.

[9] 陈道喜 . C 语言程序设计 [M]. 北京：清华大学出版社，2022.

[10] 桑海涛 . C 语言程序设计教程 [M]. 北京：清华大学出版社，2022.

[11] 彭慧卿 . C 语言程序设计 [M]. 北京：清华大学出版社，2022.